室内设计
节点构造图集

顶面常用材料与施工

黄佳　祝彬　编著

化学工业出版社

·北京·

内容简介

本书以室内顶面常用建材来划分章节，涵盖石膏板、金属板、木饰面、矿棉板、玻璃、透光板、透光软膜和吸声板，并将材料在室内空间中的施工工艺用 CAD 图纸、节点彩图的形式表现出来，同时搭配设计实景图。此外，书中对建材施工的步骤进行了解析，同时给出了材料设计搭配建议，力求生动地将设计师关注的施工做法讲解清楚，帮助读者全面认识和掌握材料的应用。

本书图文并茂，实用性强，主要供设计师、设计专业的学生以及施工人员进行学习和参考。

图书在版编目（CIP）数据

室内设计节点构造图集. 顶面常用材料与施工 / 黄佳，祝彬编著. —北京：化学工业出版社，2023.10

ISBN 978-7-122-43795-2

Ⅰ．①室… Ⅱ．①黄… ②祝… Ⅲ．①住宅－顶棚－室内装饰设计－图集 Ⅳ．①TU241-64

中国国家版木馆CIP数据核字（2023）第126733号

责任编辑：王　斌　冯国庆　　　　　　　　　责任校对：边　涛
装帧设计：韩　飞

出版发行：化学工业出版社（北京市东城区青年湖南街13号　邮政编码100011）
印　　装：盛大（天津）印刷有限公司
880mm×1230mm　1/16　印张15　字数310千字　2023年10月北京第1版第1次印刷

购书咨询：010-64518888　　　　　　　　　售后服务：010-64518899
网　　址：http://www.cip.com.cn
凡购买本书，如有缺损质量问题，本社销售中心负责调换。

定　　价：98.00元　　　　　　　　　　　　版权所有　违者必究

前 言

PREFACE

　　室内装饰设计中有很多细节设计，在整体设计中占有很重要的位置，而节点设计是反映装饰细节的一个重要部分。节点设计是指对某个局部构造进行详细的描绘及说明，一般以节点图的形式来体现。节点图不但要表达设计师对装饰形式细节的要求，同时，它也是内部构造做法、工艺、材料以及实施技术的直接表达和体现。

　　节点构造虽然有通用的地方，但是具体到不同的材料上，施工工艺还是有所区别的，因此节点图也会出现变化，为了保证设计可以落地，掌握不同材料的节点构造是非常重要的，它可能会影响整个设计的完成效果。基于此，本书对室内顶面常用的材料以及施工工艺进行了总结与提炼。本书共八章，基本涵盖了室内顶面常用的材料，如石膏板、金属板、木饰面、矿棉板、玻璃、透光板、透光软膜和吸声板。内容上除了给出工艺节点图外，还搭配了三维彩图，让读者能够更直观、清楚地看到构造内部做法。另外还加入了施工步骤图，帮助读者更好地理解施工工艺是如何一步一步完成的。

　　除此之外，每一章中还增添了专题，针对材料进行了详细的分析。从材料的分类、通用工艺、设计搭配等方面，全面地解析材料特性，让读者可以更好、更快地了解材料。

　　本书内容适用性和实际操作性较强，主要供设计师、设计专业的学生以及施工人员进行学习和参考。书中的尺寸都是一般情况下的常见尺寸，仅供参考，具体施工尺寸要参考施工现场的实际情况。

　　由于水平有限，尽管编者反复推敲核实，但难免有疏漏及不妥之处，恳请广大读者批评指正，以便做进一步的修改和完善。

编者

目 录

CONTENTS

第二章

金属板

石膏板

　　石膏板是以建筑石膏为主要原料制成的一种材料，是当前着重发展的新型轻质板材之一，不仅能用作吊顶，还可制作隔墙。其质轻、防火性能优异，可钉、可锯、可粘，施工方便，用它做装饰，比传统的湿法作业效率更高。石膏板的种类较多，吊顶工程中常用的为纸面石膏板和装饰石膏板。纸面石膏板具有质轻、施工简单等特点，是施工中常用的顶面材料。

第一章

节点 1. 卡式龙骨纸面石膏板顶面

实木装饰线装饰的石膏板吊顶，可以体现出中式风格感。

施工步骤

转换成节点图

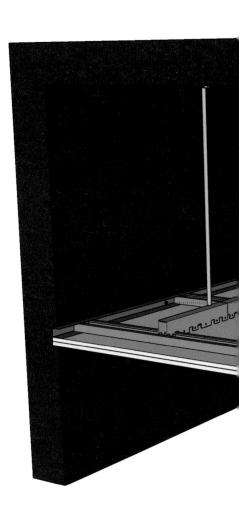

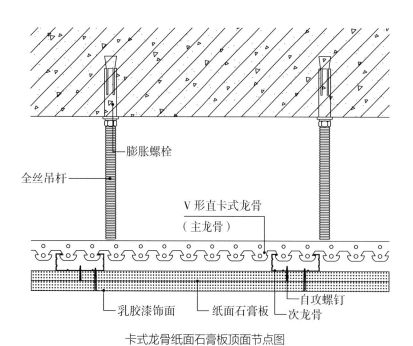

膨胀螺栓

全丝吊杆

V 形直卡式龙骨
（主龙骨）

乳胶漆饰面　纸面石膏板

自攻螺钉
次龙骨

卡式龙骨纸面石膏板顶面节点图

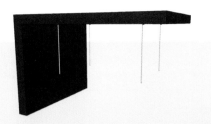

步骤 1：
安装全丝吊杆

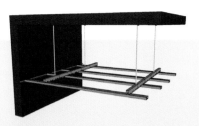

步骤 2：
固定主龙骨、边龙骨和次龙骨

步骤 3：
安装纸面石膏板（乳胶漆饰面）

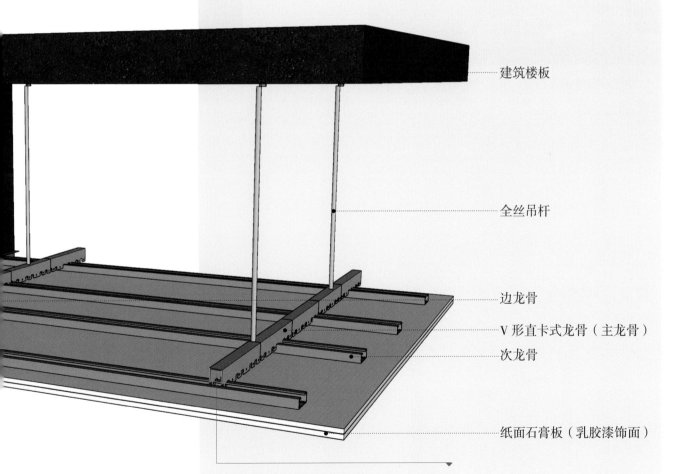

建筑楼板

全丝吊杆

边龙骨

V 形直卡式龙骨（主龙骨）

次龙骨

纸面石膏板（乳胶漆饰面）

卡式龙骨顶面由 38 卡式主龙骨与常规的
覆面次龙骨组成，具有成本低、施工快、
节约顶面空间的优点，但是承载力与悬挂
式顶面相比较小，吊杆的长度不宜过长。

节点 2. 卡式龙骨伸缩缝顶面

顶面没有做过多造型，但是伸缩缝造型让顶面变得更有装饰效果。

施工步骤

转换成节点图

膨胀螺栓

全丝吊杆

V 形直卡式龙骨
（主龙骨）

金属条

自攻螺钉

纸面石膏板

乳胶漆饰面

次龙骨

卡式龙骨伸缩缝顶面节点图

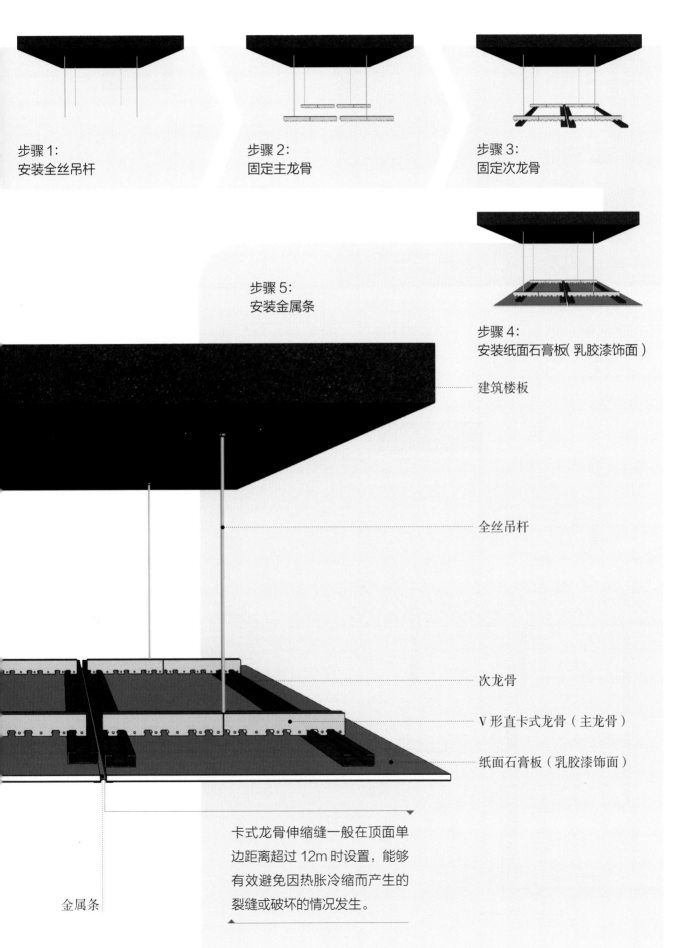

步骤 1：
安装全丝吊杆

步骤 2：
固定主龙骨

步骤 3：
固定次龙骨

步骤 5：
安装金属条

步骤 4：
安装纸面石膏板（乳胶漆饰面）

建筑楼板

全丝吊杆

次龙骨

V 形直卡式龙骨（主龙骨）

纸面石膏板（乳胶漆饰面）

金属条

卡式龙骨伸缩缝一般在顶面单
边距离超过 12m 时设置，能够
有效避免因热胀冷缩而产生的
裂缝或破坏的情况发生。

节点 3. 跌级纸面石膏板顶面

施工步骤

在做跌级顶面时，可以局部跌级吊顶隐藏空调等管线，也不会对层高有压迫。

转换成节点图

全丝吊杆

膨胀螺栓

扁铁@800mm

阻燃板

纸面石膏板

主龙骨

次龙骨

纸面石膏板

乳胶漆饰面

次龙骨

乳胶漆饰面

护角条

纸面石膏板

护角条

跌级纸面石膏板顶面节点图

步骤 1：
安装吊杆和配件

步骤 2：
固定主龙骨和阻燃板

步骤 3：
固定次龙骨和边龙骨

步骤 4：
安装纸面石膏板（乳胶漆饰面）

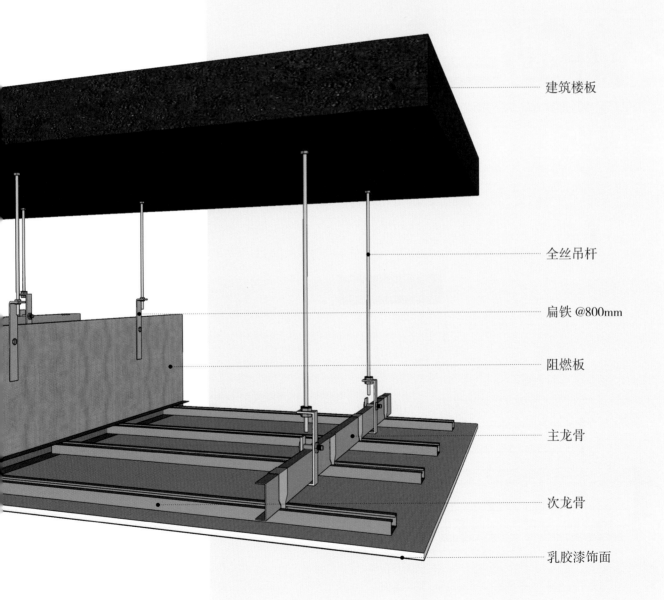

建筑楼板

全丝吊杆

扁铁 @800mm

阻燃板

主龙骨

次龙骨

乳胶漆饰面

节点 4. 悬挂式纸面石膏板顶面

白色石膏板顶面样式简单，与简约风格的厨房非常搭配。

施工步骤

转换成节点图

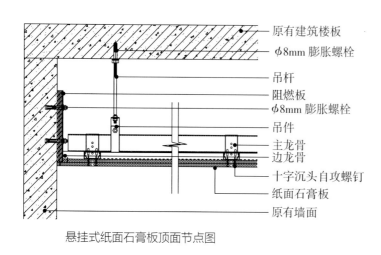

原有建筑楼板
ϕ8mm 膨胀螺栓
吊杆
阻燃板
ϕ8mm 膨胀螺栓
吊件
主龙骨
边龙骨
十字沉头自攻螺钉
纸面石膏板
原有墙面

悬挂式纸面石膏板顶面节点图

步骤 1：
安装吊杆和配件

步骤 2：
安装阻燃板

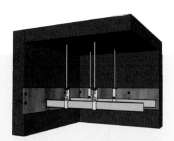

步骤 3：
固定主龙骨

步骤 5：
安装纸面石膏板

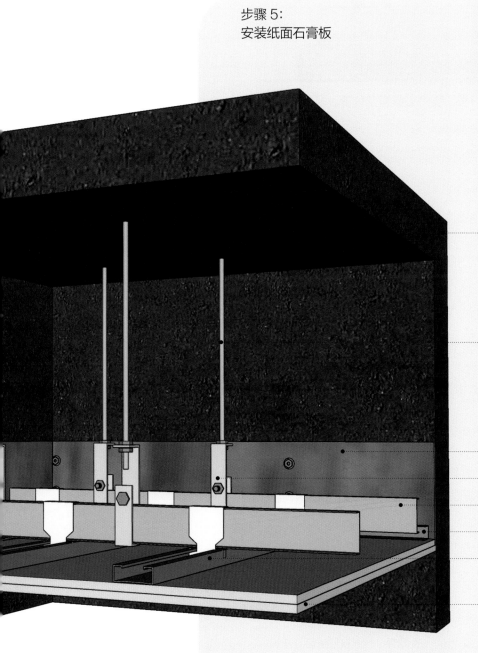

步骤 4：
固定次龙骨

原有建筑楼板

吊杆

阻燃板
吊件
主龙骨
边龙骨
次龙骨

纸面石膏板

节点 5. 悬挂式伸缩缝顶面

施工步骤

　　悬挂式伸缩顶面搭配点光源灯具，看上去既有整体感，又能保证均匀的照度。

　　当纸面石膏板顶面面积大于 100m^2 时，纵、横向每 12~18m 距离应做伸缩缝处理，即做悬挂式伸缩缝顶面，且应错缝安装，其接缝错开不小于 300mm。若遇到建筑变形缝，顶面应根据建筑变形量设计变形缝尺寸及构造。

转换成节点图

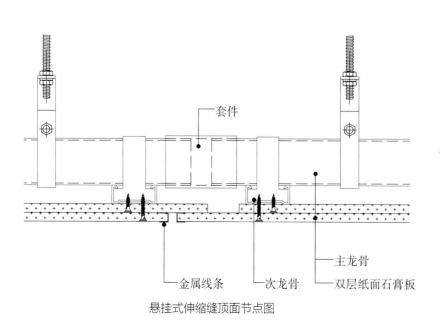

套件

金属线条　　次龙骨　　双层纸面石膏板

主龙骨

悬挂式伸缩缝顶面节点图

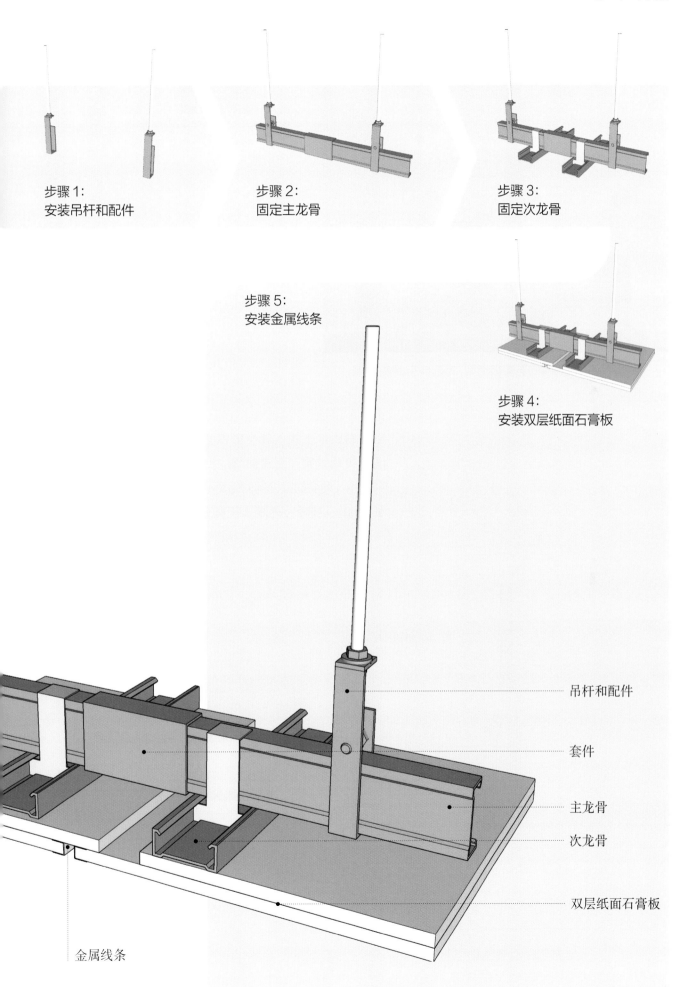

步骤 1：
安装吊杆和配件

步骤 2：
固定主龙骨

步骤 3：
固定次龙骨

步骤 5：
安装金属线条

步骤 4：
安装双层纸面石膏板

吊杆和配件

套件

主龙骨

次龙骨

双层纸面石膏板

金属线条

节点6. 纸面石膏板抽缝顶面

顶面使用横向抽缝的石膏板造型，有延伸空间的作用。

施工步骤

纸面石膏板上的抽缝会影响整个空间的美观效果，正常抽缝的宽度＞10mm，两个抽缝之间的距离一般为300mm，这样会从视觉上扩宽空间。

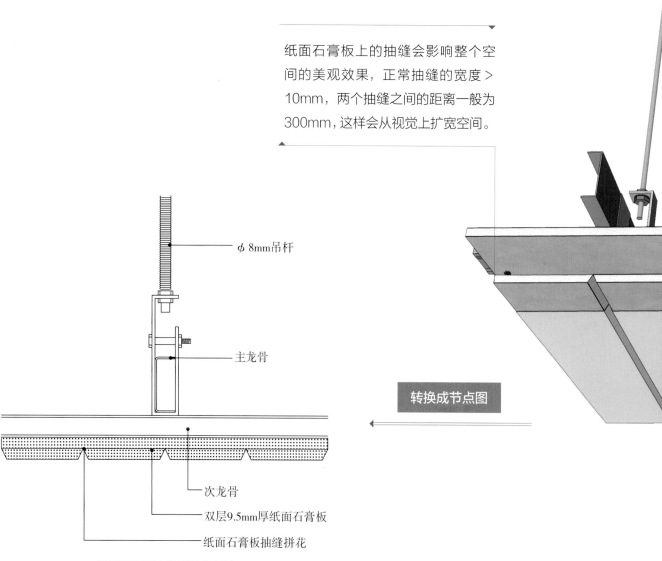

转换成节点图

φ8mm吊杆

主龙骨

次龙骨

双层9.5mm厚纸面石膏板

纸面石膏板抽缝拼花

纸面石膏板抽缝顶面节点图

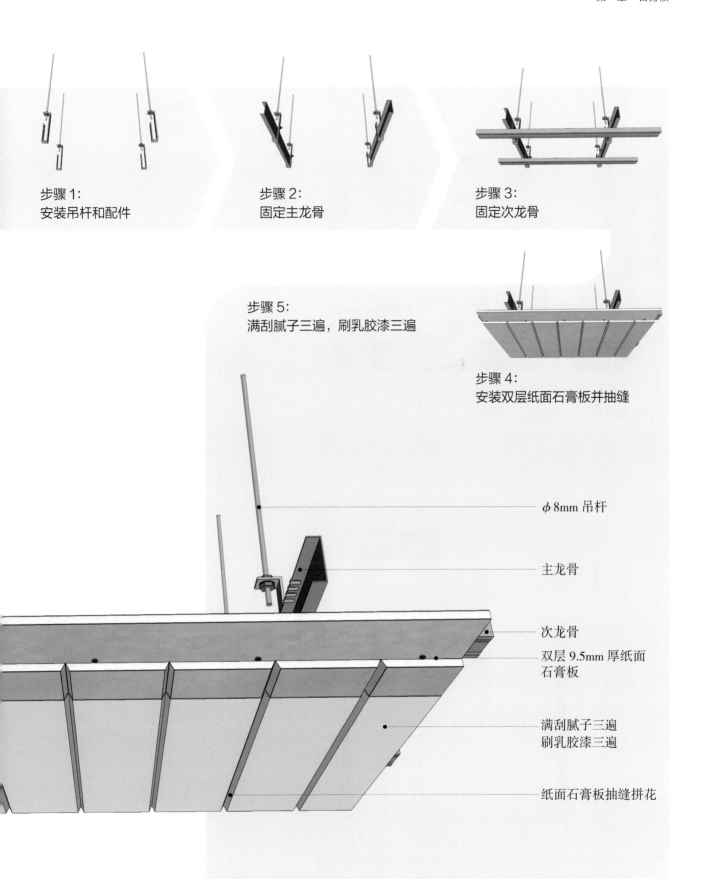

步骤1:
安装吊杆和配件

步骤2:
固定主龙骨

步骤3:
固定次龙骨

步骤5:
满刮腻子三遍,刷乳胶漆三遍

步骤4:
安装双层纸面石膏板并抽缝

φ8mm 吊杆

主龙骨

次龙骨
双层 9.5mm 厚纸面
石膏板

满刮腻子三遍
刷乳胶漆三遍

纸面石膏板抽缝拼花

节点 7. 纸面石膏板顶面金属槽留缝造型

施工步骤

顶面金属留缝搭配顶面贴花装饰，穿插的金属材料除丰富了顶面层次外，还能成为空间焦点。

转换成节点图

ϕ8mm吊杆

双层9.5mm厚纸面石膏板

乳胶漆饰面

次龙骨

定制金属U形槽

纸面石膏板顶面金属槽留缝造型节点图

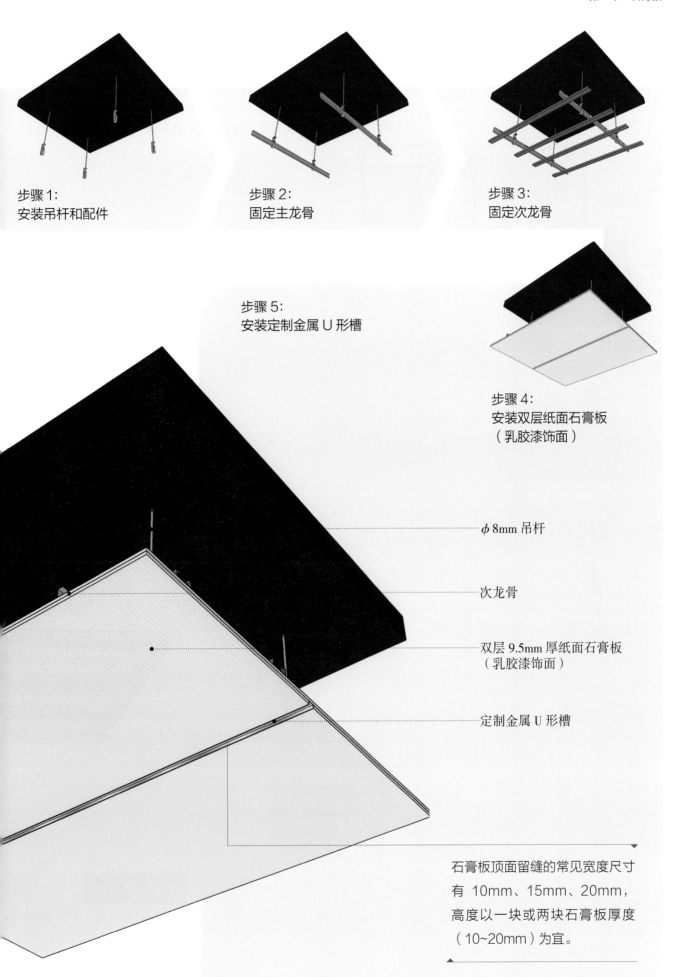

步骤 1:
安装吊杆和配件

步骤 2:
固定主龙骨

步骤 3:
固定次龙骨

步骤 5:
安装定制金属 U 形槽

步骤 4:
安装双层纸面石膏板
（乳胶漆饰面）

ϕ 8mm 吊杆

次龙骨

双层 9.5mm 厚纸面石膏板
（乳胶漆饰面）

定制金属 U 形槽

石膏板顶面留缝的常见宽度尺寸
有 10mm、15mm、20mm,
高度以一块或两块石膏板厚度
（10~20mm）为宜。

15

节点 8. 纸面石膏板顶面墙角留缝造型

施工步骤

　　顶面和墙角间的留缝让空间更有"呼吸感"，不会因太过紧密连接而导致空间的死板和僵硬。

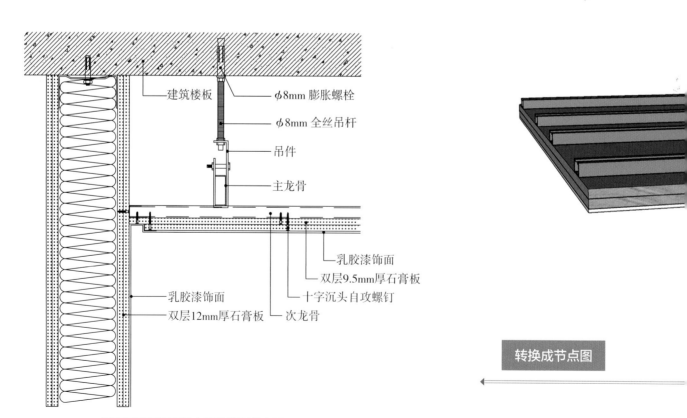

建筑楼板　　　　φ8mm 膨胀螺栓

φ8mm 全丝吊杆

吊件

主龙骨

乳胶漆饰面

双层9.5mm厚石膏板

十字沉头自攻螺钉

乳胶漆饰面

双层12mm厚石膏板　　次龙骨

纸面石膏板顶面墙角留缝造型节点图

转换成节点图

步骤 1:
安装吊杆和配件

步骤 2:
固定主龙骨

步骤 3:
固定次龙骨和边龙骨

边龙骨

步骤 5:
乳胶漆饰面

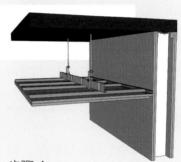

步骤 4:
安装双层石膏板

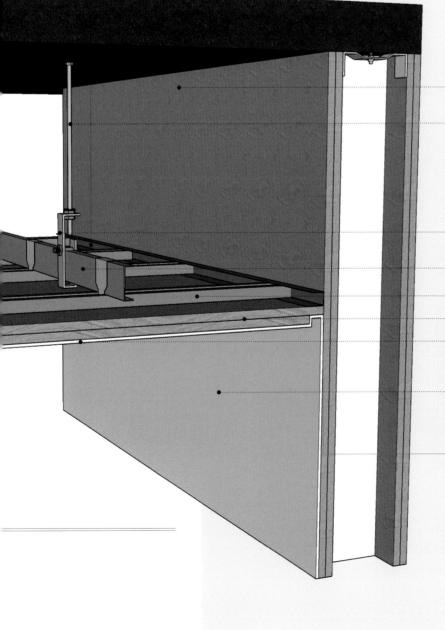

双层 12mm 厚石膏板

φ8mm 全丝吊杆

吊杆

主龙骨

次龙骨

双层 9.5mm 厚石膏板

乳胶漆饰面

乳胶漆饰面

顶角留缝对工艺要求较高,设计时要注意留缝造型,尽量不要跨越不同的高差,否则留缝造型会不顺畅。

节点 9. 纸面石膏板面饰马来漆顶面

施工步骤

　　选择褐色的混色马来漆，不同深浅的马来漆纹理相交形成独特的纹理，与空间中的深木色相搭配，使独立办公室显得沉稳、大气。

ϕ 8mm 吊杆

18mm 厚细木工板
（刷防火涂料三遍）

转换成节点图

双层9.5mm厚纸面石膏板
（满刮腻子三遍，马来漆饰面）

单层9.5mm厚纸面石膏板
（满刮腻子三遍，刷乳胶漆三遍）

纸面石膏板面饰马来漆顶面节点图

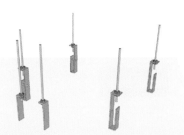

步骤1：
安装吊杆和配件

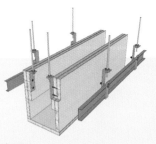

步骤2：
固定主龙骨和18mm厚细
木工板

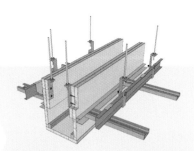

步骤3：
固定次龙骨，边龙骨和木龙骨

步骤5：
满刮腻子三遍，马来漆饰面（满刮
腻子三遍，刷乳胶漆三遍）

步骤4：
安装纸面石膏板

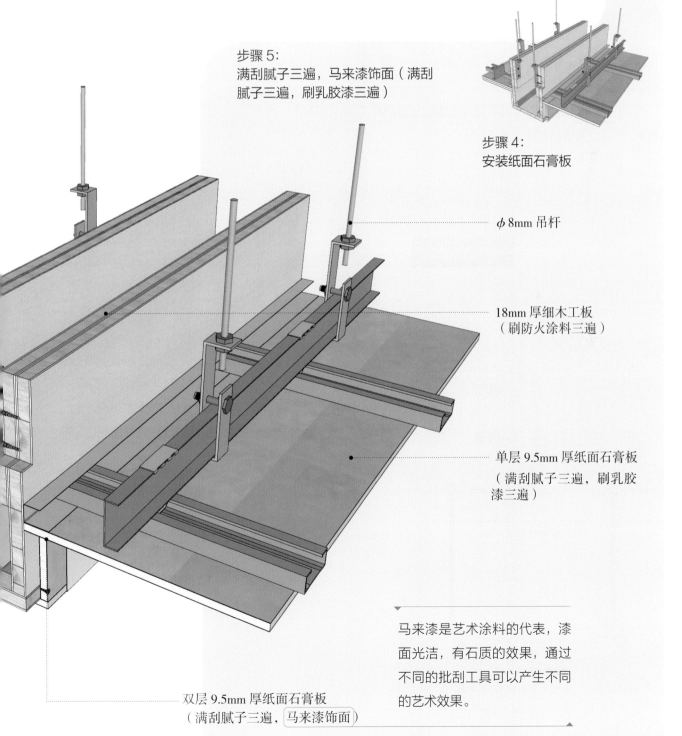

φ8mm 吊杆

18mm 厚细木工板
（刷防火涂料三遍）

单层 9.5mm 厚纸面石膏板
（满刮腻子三遍，刷乳胶
漆三遍）

马来漆是艺术涂料的代表，漆
面光洁，有石质的效果，通过
不同的批刮工具可以产生不同
的艺术效果。

双层 9.5mm 厚纸面石膏板
（满刮腻子三遍，马来漆饰面）

节点 10.GRG 石膏板顶面

施工步骤

GRG 石膏板的可塑性使顶面、墙面以曲面的形式相接，给人以震撼的视觉效果。

转换成节点图

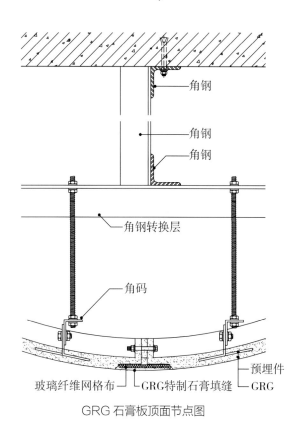

角钢

角钢

角钢

角钢转换层

角码

玻璃纤维网格布 ┕GRG特制石膏填缝 ┕GRG

预埋件

GRG 石膏板顶面节点图

GRG 石膏板属于一种改良性玻璃纤维石膏装饰材料，可塑性强，经常用作异形顶面。表面光洁平滑，呈白色，白度达 90% 以上，可以和各种涂料及面饰材料良好地黏结，形成极佳的装饰效果。

GRG 石膏板

步骤 1：
安装角钢

步骤 2：
安装吊杆和角码

步骤 3：
安装 GRG 石膏板

步骤 4：
安装玻璃纤维网格布并用 GRG 特制石膏填缝

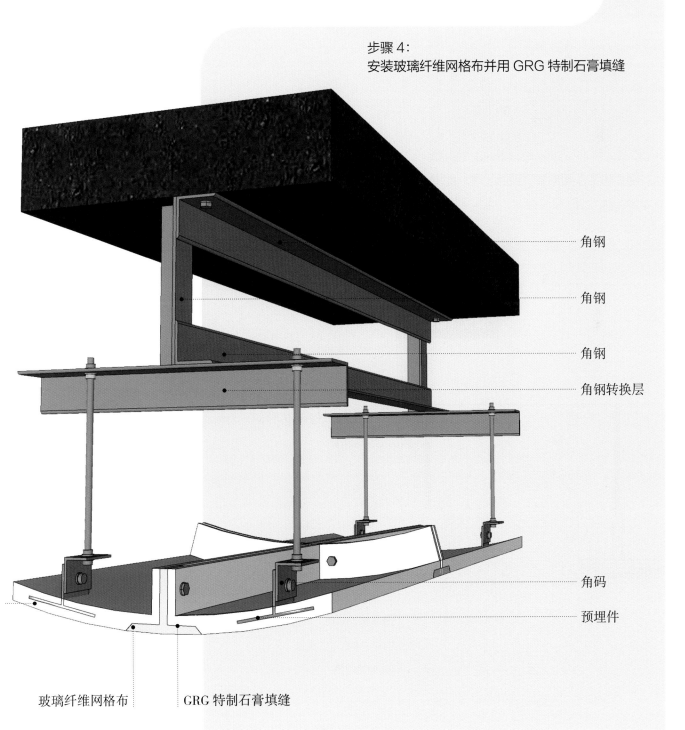

角钢

角钢

角钢

角钢转换层

角码

预埋件

玻璃纤维网格布　　GRG 特制石膏填缝

节点 11. 纸面石膏板与钢结构圆柱相接

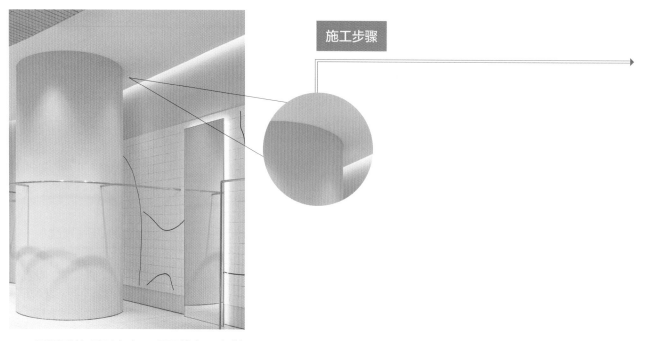

施工步骤

圆弧形的顶面丰富了顶面线条，也增添了柔和感。

转换成节点图

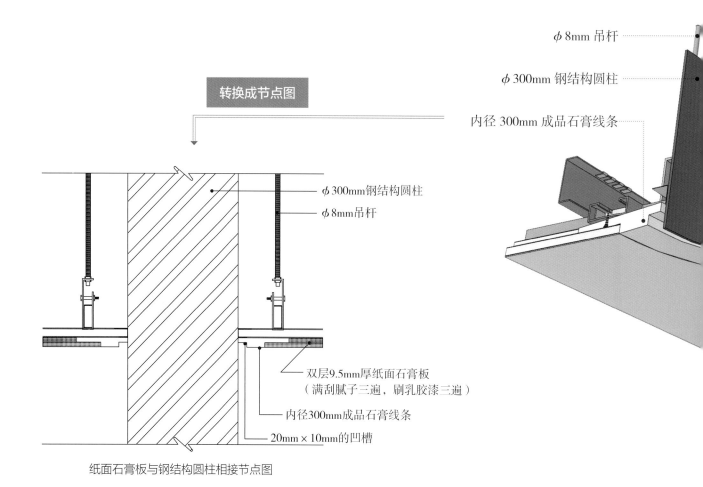

ϕ 8mm 吊杆

ϕ 300mm 钢结构圆柱

内径 300mm 成品石膏线条

ϕ 300mm钢结构圆柱

ϕ 8mm吊杆

双层9.5mm厚纸面石膏板
（满刮腻子三遍，刷乳胶漆三遍）

内径300mm成品石膏线条

20mm×10mm的凹槽

纸面石膏板与钢结构圆柱相接节点图

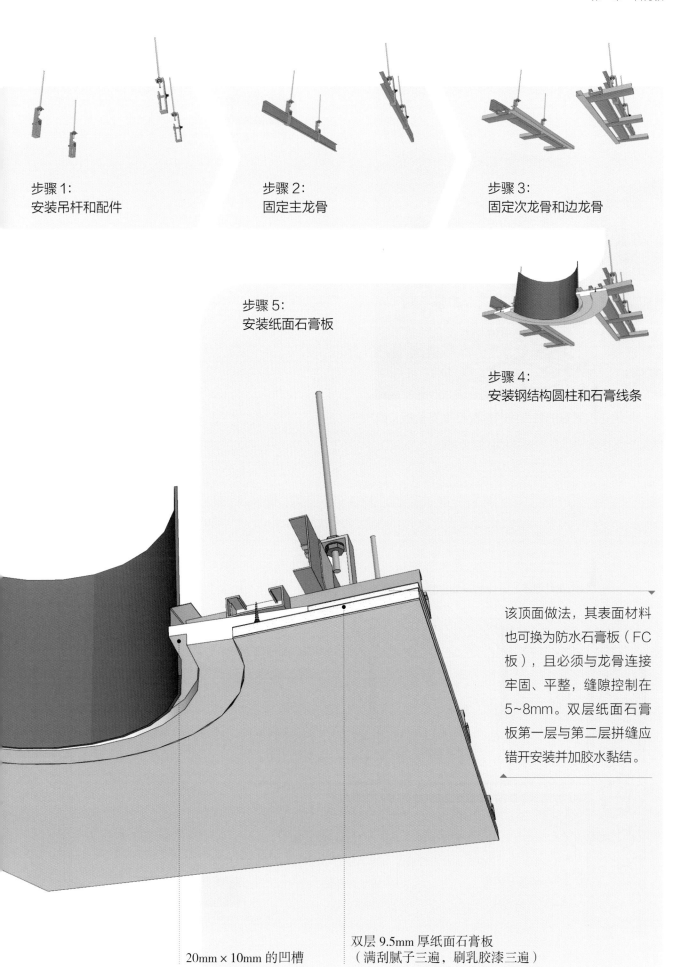

步骤 1：
安装吊杆和配件

步骤 2：
固定主龙骨

步骤 3：
固定次龙骨和边龙骨

步骤 5：
安装纸面石膏板

步骤 4：
安装钢结构圆柱和石膏线条

该顶面做法，其表面材料也可换为防水石膏板（FC板），且必须与龙骨连接牢固、平整，缝隙控制在5~8mm。双层纸面石膏板第一层与第二层拼缝应错开安装并加胶水黏结。

20mm×10mm 的凹槽

双层 9.5mm 厚纸面石膏板
（满刮腻子三遍，刷乳胶漆三遍）

节点 12. 纸面石膏板与石膏线条相接

施工步骤

利用花纹繁复的装饰线条搭配纸面石膏板，既能突出室内风格，又不破坏顶面整体感。

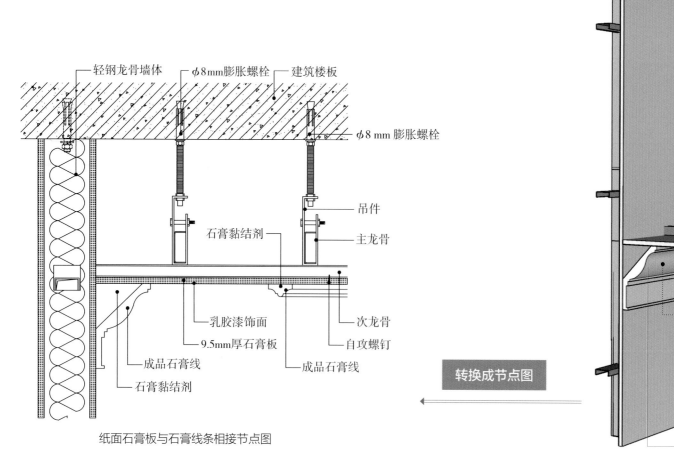

轻钢龙骨墙体　　φ8mm膨胀螺栓　　建筑楼板

φ8 mm 膨胀螺栓

吊件

石膏黏结剂　　　　　主龙骨

乳胶漆饰面　　　　次龙骨

9.5mm厚石膏板　　　自攻螺钉

成品石膏线　　　　成品石膏线

石膏黏结剂

转换成节点图

纸面石膏板与石膏线条相接节点图

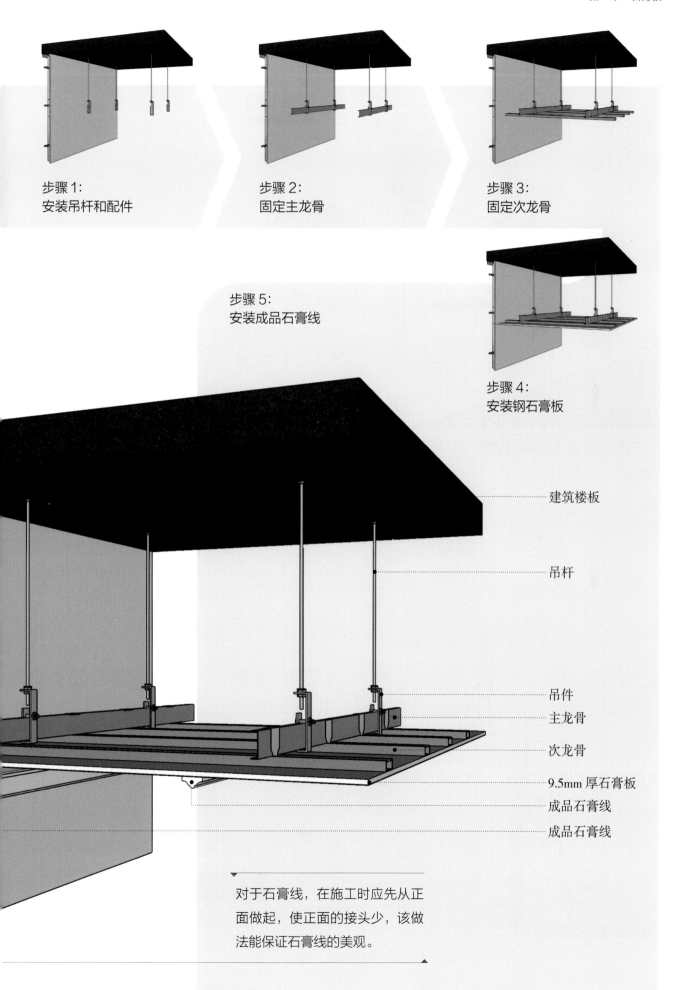

步骤 1：
安装吊杆和配件

步骤 2：
固定主龙骨

步骤 3：
固定次龙骨

步骤 5：
安装成品石膏线

步骤 4：
安装钢石膏板

建筑楼板

吊杆

吊件
主龙骨
次龙骨
9.5mm 厚石膏板
成品石膏线
成品石膏线

对于石膏线，在施工时应先从正面做起，使正面的接头少，该做法能保证石膏线的美观。

节点 13. 纸面石膏板面饰乳胶漆与石材相接

用橙色乳胶漆涂刷的石膏板吊顶与白色石材墙砖搭配，充满鲜明个性。

施工步骤

石材一般采用干挂等方式安装在顶面上，而且纸面石膏板和石材相接的位置留有工艺槽，工艺槽深度一般为3~5mm，是常见的收口方式之一。这种收口方式施工简单，大部分场景都适用。

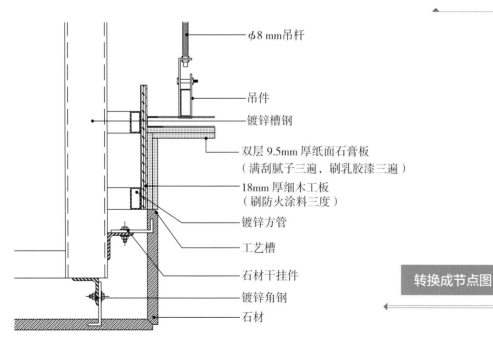

φ8 mm吊杆

吊件

镀锌槽钢

双层9.5mm厚纸面石膏板
（满刮腻子三遍，刷乳胶漆三遍）

18mm厚细木工板
（刷防火涂料三度）

镀锌方管

工艺槽

石材干挂件

镀锌角钢

石材

转换成节点图

纸面石膏板面饰乳胶漆与石材相接节点图

步骤 1：
安装吊杆和配件

步骤 2：
固定主龙骨和细木工板

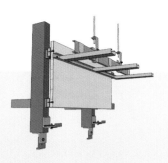

步骤 3：
固定次龙骨和边龙骨

步骤 4：
安装石材和纸面石膏板（满刮腻子三遍，刷乳胶漆三遍）

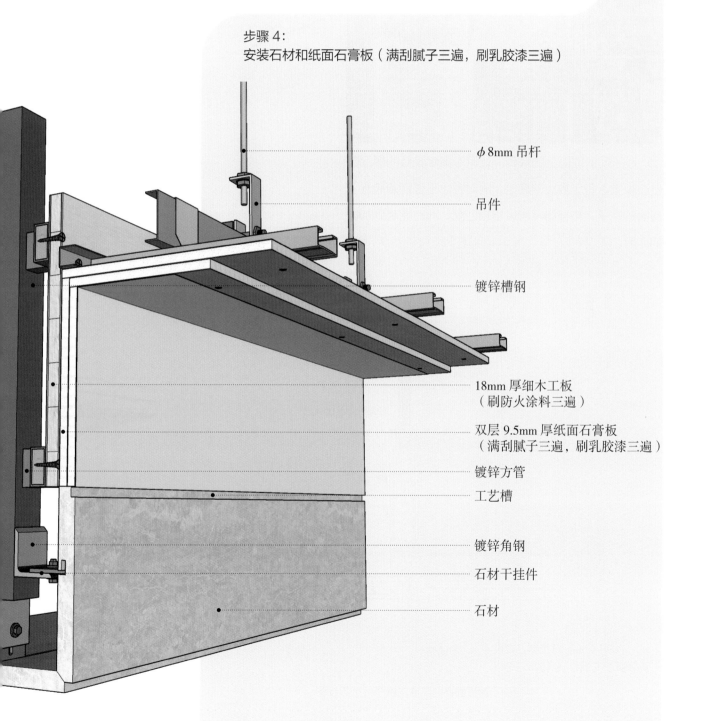

ϕ 8mm 吊杆

吊件

镀锌槽钢

18mm 厚细木工板
（刷防火涂料三遍）

双层 9.5mm 厚纸面石膏板
（满刮腻子三遍，刷乳胶漆三遍）

镀锌方管

工艺槽

镀锌角钢

石材干挂件

石材

节点 14. 纸面石膏板面饰乳胶漆与镜子相接

施工步骤

镜子反射地面上的瓷砖，让原本高度较低的餐厅部位在视觉上有了放大的感觉，同时金色不锈钢条破开了整面的镜子，与整体轻奢风格相匹配，同时能起到加固的作用。

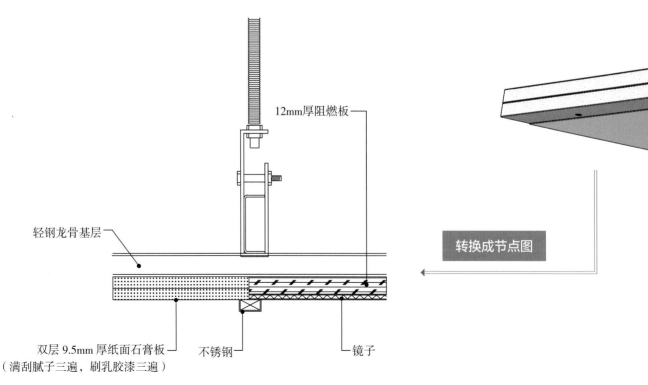

12mm厚阻燃板

轻钢龙骨基层

转换成节点图

双层 9.5mm 厚纸面石膏板
（满刮腻子三遍，刷乳胶漆三遍）　　不锈钢　　镜子

纸面石膏板面饰乳胶漆与镜子相接节点图

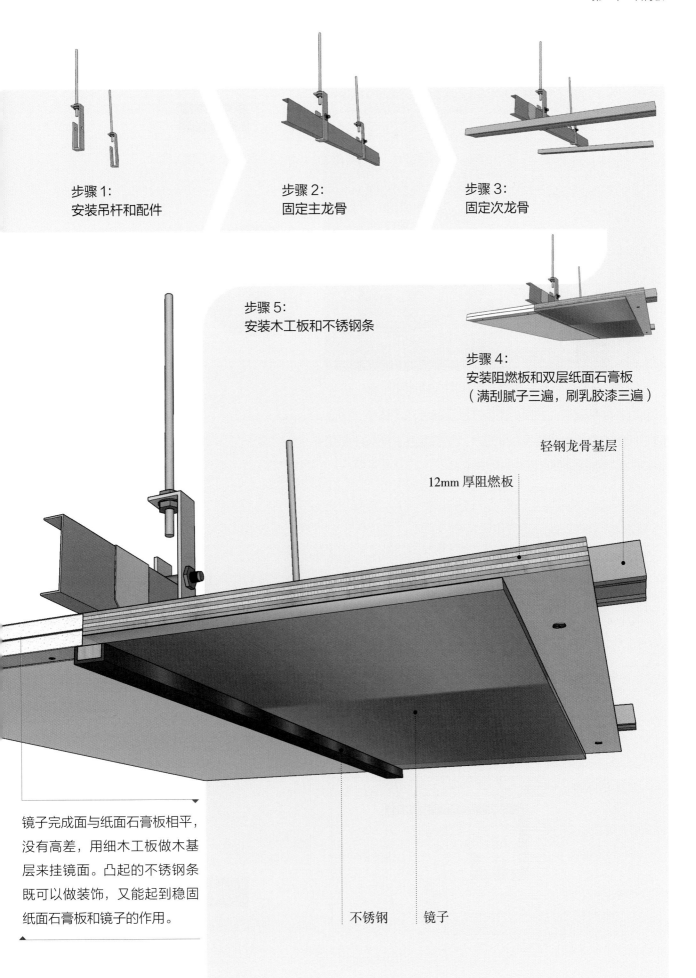

步骤1：
安装吊杆和配件

步骤2：
固定主龙骨

步骤3：
固定次龙骨

步骤5：
安装木工板和不锈钢条

步骤4：
安装阻燃板和双层纸面石膏板
（满刮腻子三遍，刷乳胶漆三遍）

轻钢龙骨基层

12mm 厚阻燃板

镜子完成面与纸面石膏板相平，
没有高差，用细木工板做木基
层来挂镜面。凸起的不锈钢条
既可以做装饰，又能起到稳固
纸面石膏板和镜子的作用。

不锈钢　　镜子

节点 15.GRG 石膏板与乳胶漆相接

　　GRG 石膏板具有可塑性，可应用在墙面和顶面，还可以制成各种平面板、各种功能型产品及各种艺术造型，顶面的 GRG 石膏板做成玫瑰花的形状，层层叠叠，使人的视觉中心不由得聚焦到圆柱及吧台的周围。

施工步骤

12mm 厚纸面石膏板

转换成节点图

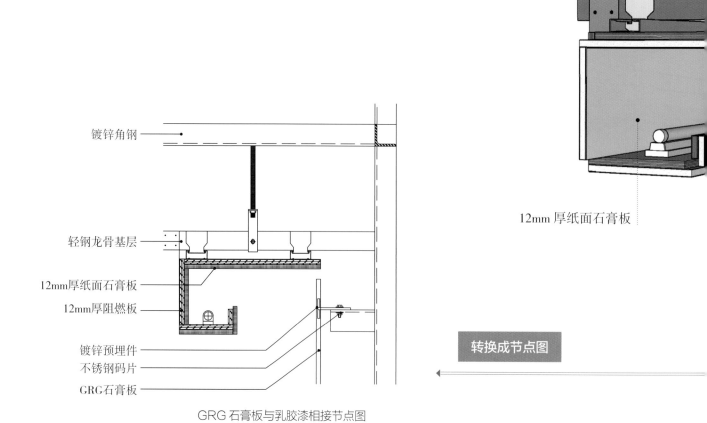

镀锌角钢

轻钢龙骨基层

12mm厚纸面石膏板

12mm厚阻燃板

镀锌预埋件

不锈钢码片

GRG石膏板

GRG 石膏板与乳胶漆相接节点图

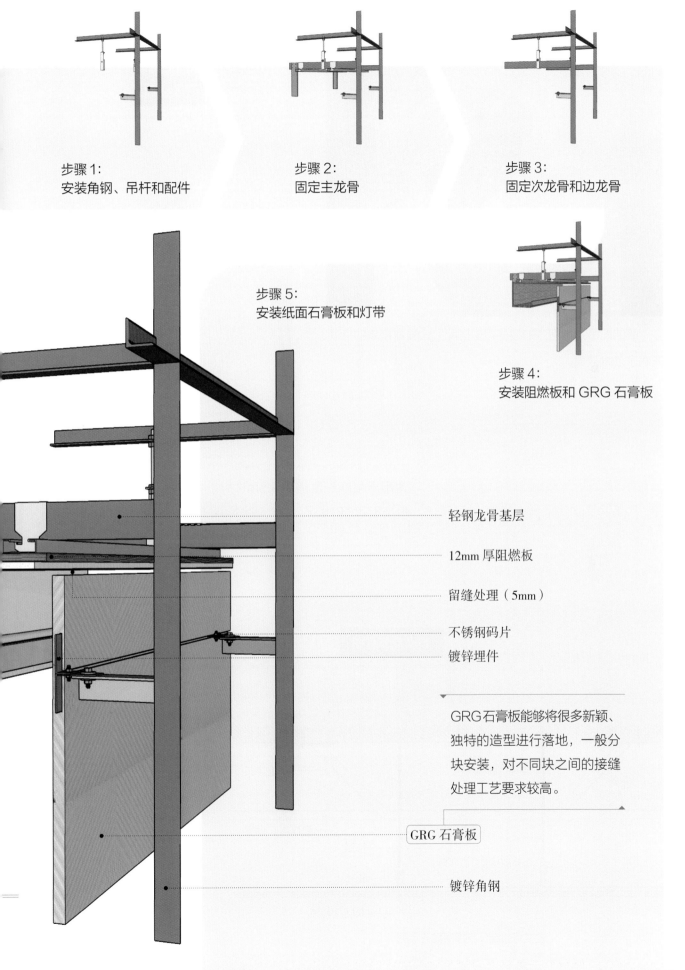

步骤 1：
安装角钢、吊杆和配件

步骤 2：
固定主龙骨

步骤 3：
固定次龙骨和边龙骨

步骤 5：
安装纸面石膏板和灯带

步骤 4：
安装阻燃板和 GRG 石膏板

轻钢龙骨基层

12mm 厚阻燃板

留缝处理（5mm）

不锈钢码片

镀锌埋件

GRG石膏板能够将很多新颖、独特的造型进行落地，一般分块安装，对不同块之间的接缝处理工艺要求较高。

GRG 石膏板

镀锌角钢

节点 16. 主龙骨拉结反支撑顶面

　　简洁的吊顶与夸张的楼梯造型搭配，让原本简单的空间充满了艺术效果。

施工步骤

适用于吊杆长度超过 1.5m 且小于 3m 的情况。

转换成节点图

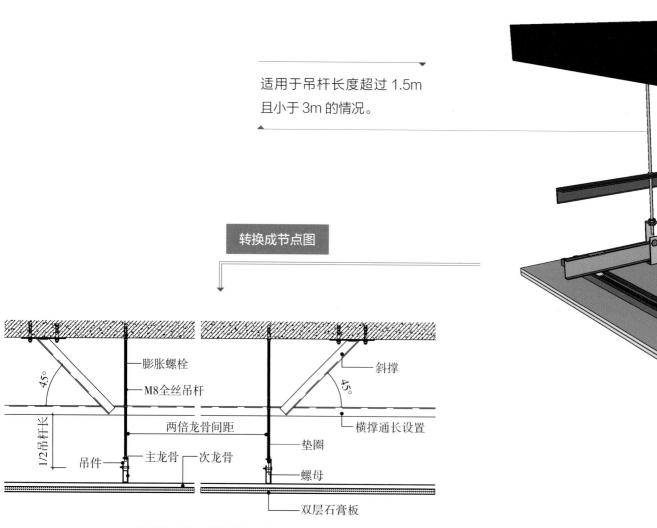

膨胀螺栓
M8全丝吊杆
斜撑
45°
45°
两倍龙骨间距
横撑通长设置
1/2吊杆长
吊件
主龙骨
次龙骨
垫圈
螺母
双层石膏板

主龙骨拉结反支撑顶面节点图

步骤 1:
安装角钢

步骤 2:
安装吊杆和配件

步骤 3:
固定主龙骨

步骤 5:
安装双层石膏板（满刮腻子三遍，
刷乳胶漆三遍）

步骤 4:
固定次龙骨

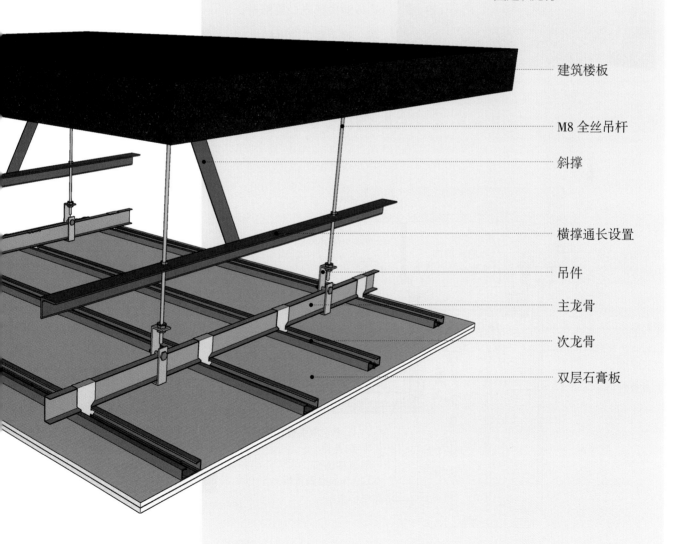

建筑楼板

M8 全丝吊杆

斜撑

横撑通长设置

吊件

主龙骨

次龙骨

双层石膏板

节点 17. 暗装式窗帘盒（低于窗户）

施工步骤

　　双层帘给居住者提供了多种选择，白天在光线刺眼时拉上纱帘，可以避免眩光，柔和光线；晚上睡觉时则拉上遮光帘，有利于睡眠。

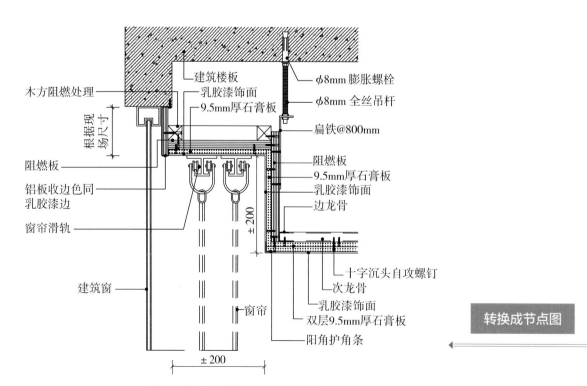

木方阻燃处理

建筑楼板
乳胶漆饰面
9.5mm厚石膏板

φ8mm膨胀螺栓
φ8mm全丝吊杆

扁铁@800mm

根据现场尺寸

阻燃板

铝板收边色同乳胶漆边

窗帘滑轨

阻燃板
9.5mm厚石膏板
乳胶漆饰面
边龙骨

±200

建筑窗

窗帘

十字沉头自攻螺钉
次龙骨
乳胶漆饰面
双层9.5mm厚石膏板
阳角护角条

±200

暗装式窗帘盒（低于窗户）节点图

转换成节点图

步骤 1：
安装吊杆和配件

步骤 2：
固定阻燃板

步骤 3：
固定龙骨

步骤 4：
安装石膏板并安装窗帘

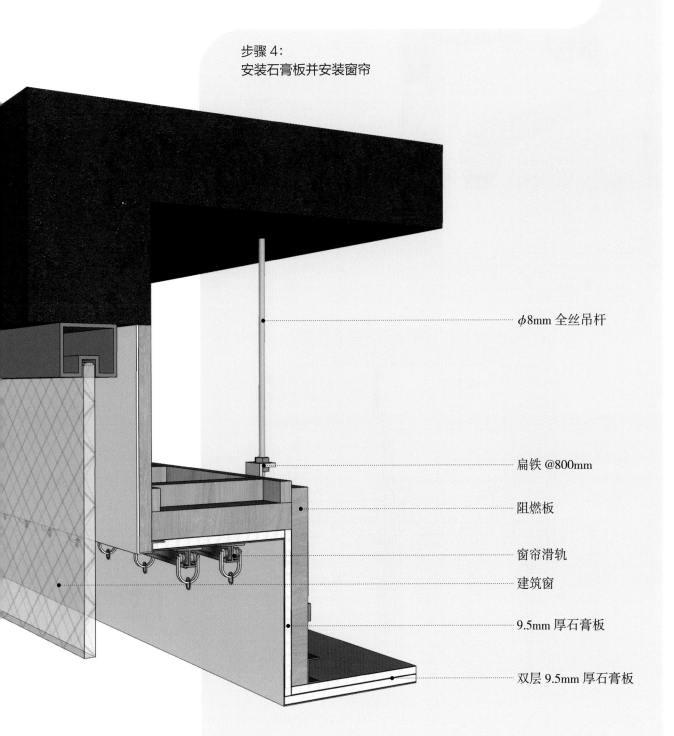

- ϕ8mm 全丝吊杆
- 扁铁 @800mm
- 阻燃板
- 窗帘滑轨
- 建筑窗
- 9.5mm 厚石膏板
- 双层 9.5mm 厚石膏板

节点 18. 明装式窗帘盒（高于窗户）

施工步骤

白色窗帘盒与白色顶面呼应，让整个顶面的简约感延伸至窗帘上方，搭配白色纱帘，充满了简洁、干净的氛围。

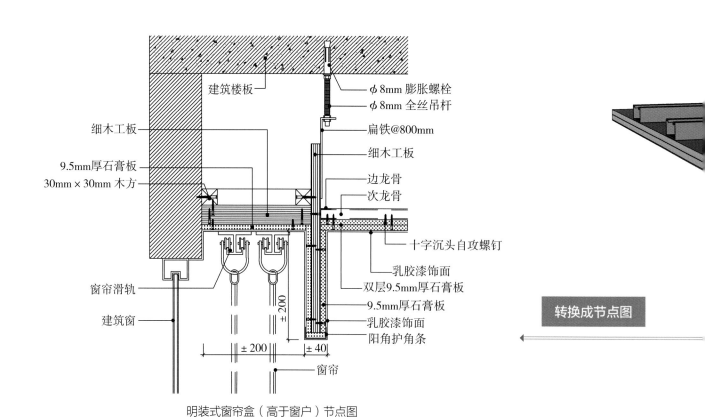

转换成节点图

建筑楼板

ϕ 8mm 膨胀螺栓
ϕ 8mm 全丝吊杆

扁铁@800mm

细木工板

细木工板

边龙骨

9.5mm厚石膏板

次龙骨

30mm × 30mm 木方

十字沉头自攻螺钉

乳胶漆饰面

窗帘滑轨

双层9.5mm厚石膏板

9.5mm厚石膏板

建筑窗

乳胶漆饰面

阳角护角条

±200

±200

±40

窗帘

明装式窗帘盒（高于窗户）节点图

步骤 1:
固定吊杆和扁铁吊件

步骤 2:
固定细木工板

步骤 3:
固定次龙骨和边龙骨

步骤 4:
安装双层石膏板和窗帘滑轨

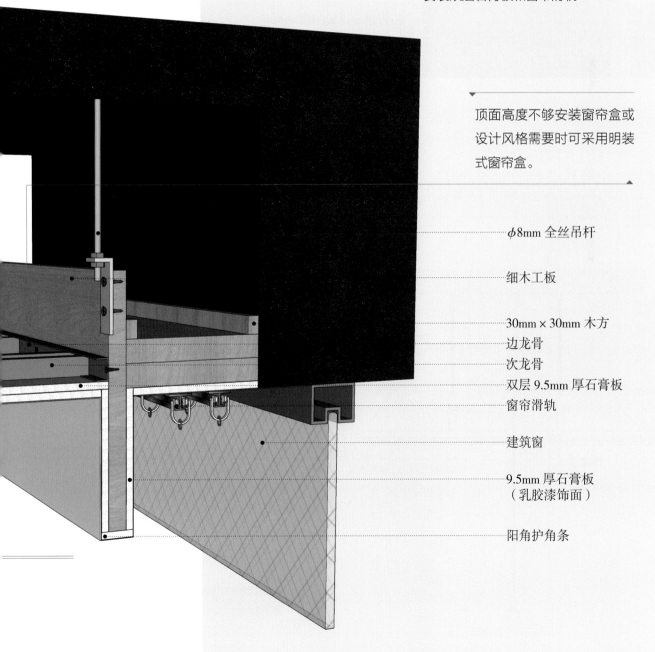

顶面高度不够安装窗帘盒或
设计风格需要时可采用明装
式窗帘盒。

ϕ8mm 全丝吊杆

细木工板

30mm × 30mm 木方
边龙骨
次龙骨
双层 9.5mm 厚石膏板
窗帘滑轨

建筑窗

9.5mm 厚石膏板
（乳胶漆饰面）

阳角护角条

节点 19. 可升降挡烟垂壁

施工步骤

能够有效阻挡烟气在建筑顶面下的横向移动，加强每个区域的排烟系统实际效果，进而防止火灾事故扩大的实际效果。

建筑楼板 ⋯⋯

吊杆 ⋯⋯

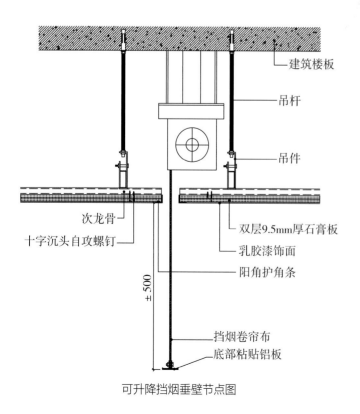

建筑楼板

吊杆

吊件

次龙骨

十字沉头自攻螺钉

双层9.5mm厚石膏板

乳胶漆饰面

阳角护角条

±500

挡烟卷帘布

底部粘贴铝板

可升降挡烟垂壁节点图

边龙骨 ⋯⋯

阳角护角条 ⋯⋯

底部粘贴铝板 ⋯⋯

转换成节点图

步骤 1：
安装吊杆和配件

步骤 2：
安装电动挡烟卷帘和
固定主龙骨

步骤 3：
固定次龙骨

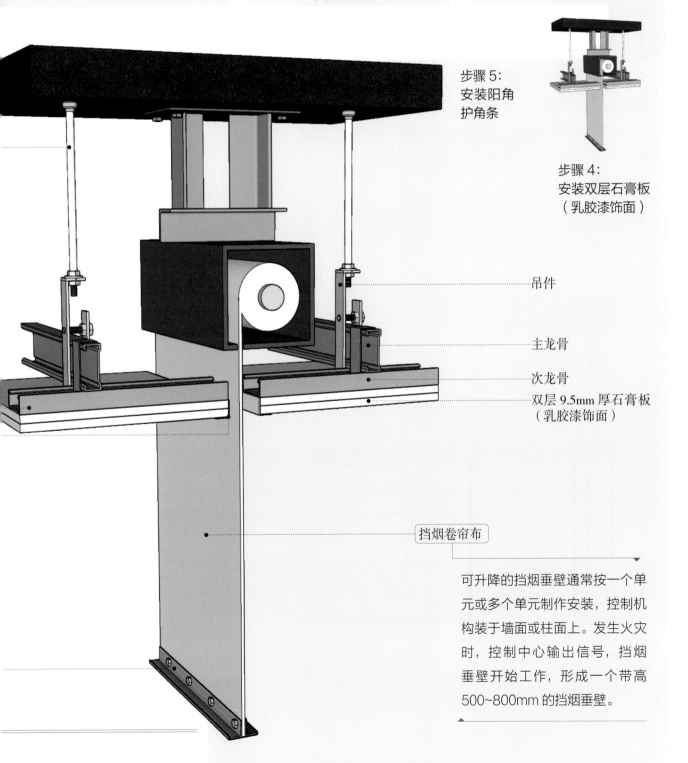

步骤 5：
安装阳角
护角条

步骤 4：
安装双层石膏板
（乳胶漆饰面）

吊件

主龙骨

次龙骨

双层 9.5mm 厚石膏板
（乳胶漆饰面）

挡烟卷帘布

可升降的挡烟垂壁通常按一个单元或多个单元制作安装，控制机构装于墙面或柱面上。发生火灾时，控制中心输出信号，挡烟垂壁开始工作，形成一个带高 500~800mm 的挡烟垂壁。

节点 20. 双轨无机布防火卷帘

施工步骤

顶面除了使用石膏板外，局部还使用金属板进行装饰，这样也能与防火卷帘呼应，让挡烟垂壁在顶面不显得突兀。

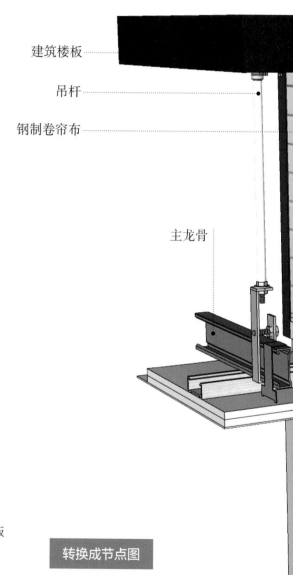

建筑楼板

吊杆

钢制卷帘布

主龙骨

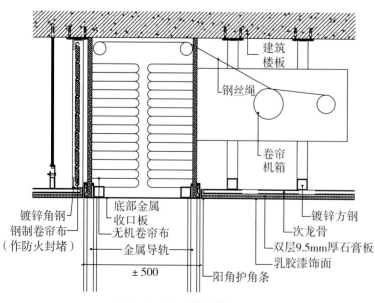

建筑楼板

钢丝绳

卷帘机箱

镀锌角钢
钢制卷帘布
（作防火封堵）

底部金属收口板
无机卷帘布
金属导轨

镀锌方钢
次龙骨
双层9.5mm厚石膏板
乳胶漆饰面

±500

阳角护角条

双轨无机布防火卷帘节点图

转换成节点图

步骤 1:
安装吊杆和配件

步骤 2:
安装双轨无机布防火卷帘和
卷帘机箱

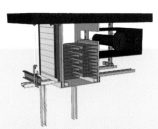

步骤 3:
固定次龙骨和角钢

步骤 5:
安装金属收口条

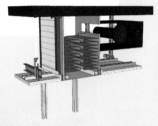

步骤 4:
安装石膏板

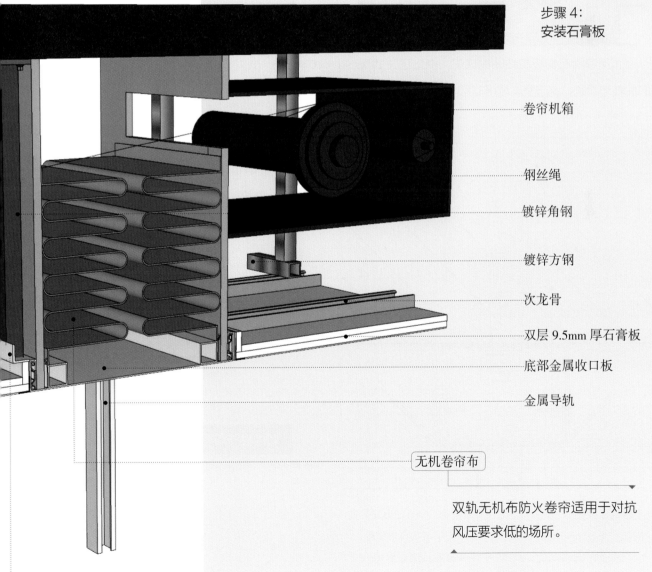

卷帘机箱

钢丝绳

镀锌角钢

镀锌方钢

次龙骨

双层 9.5mm 厚石膏板

底部金属收口板

金属导轨

无机卷帘布

双轨无机布防火卷帘适用于对抗
风压要求低的场所。

镀锌角钢

节点 21. 支撑卡纸面石膏板顶面

　　顶面用纸面石膏板和装饰线搭配，突出了法式风格的优雅与精致，这与整体风格非常吻合。

施工步骤

U 形安装夹

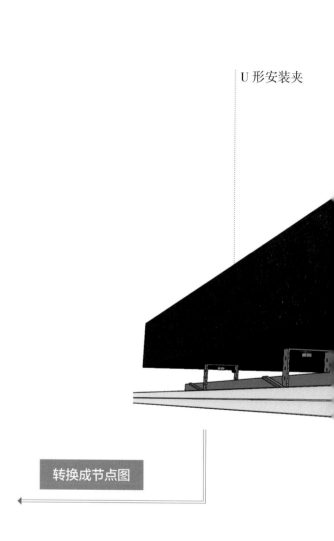

转换成节点图

原有建筑楼板 ——
纸面石膏板 ——
次龙骨 ——

—— U 形安装夹
—— 十字沉头自攻螺栓
—— ϕ8mm 膨胀螺栓

支撑卡纸面石膏板顶面节点图

步骤1：
安装吊杆和配件

步骤2：
固定主龙骨

步骤3：
安装吸声板

其表面材料也可换为防水石膏板（FC 板），且必须与龙骨连接牢固、平整，缝隙控制在5~8mm。双层纸面石膏板第一层与第二层拼缝应错开安装并加胶水黏结。

原有建筑楼板

纸面石膏板

十字沉头自攻螺栓

次龙骨

ϕ 8mm 膨胀螺栓

节点 22. 跌级内暗藏灯带的顶面

施工步骤

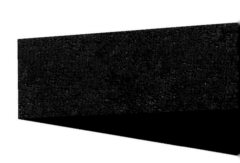

暗藏灯带柔和的光线从跌级吊顶中照射向深色的墙面，原本沉闷的空间有了视觉的焦点。

转换成节点图

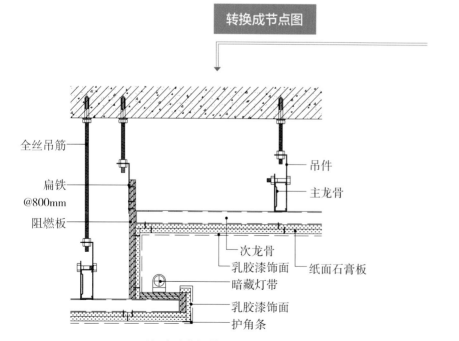

- 全丝吊筋
- 扁铁 @800mm
- 阻燃板
- 吊件
- 主龙骨
- 次龙骨
- 乳胶漆饰面
- 纸面石膏板
- 暗藏灯带
- 乳胶漆饰面
- 护角条

跌级内暗藏灯带的顶面节点图

步骤 1：
安装吊杆和配件

步骤 2：
固定主龙骨

步骤 3：
固定次龙骨和边龙骨

步骤 5：
安装双层石膏板和灯带

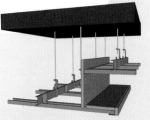

步骤 4：
安装阻燃板

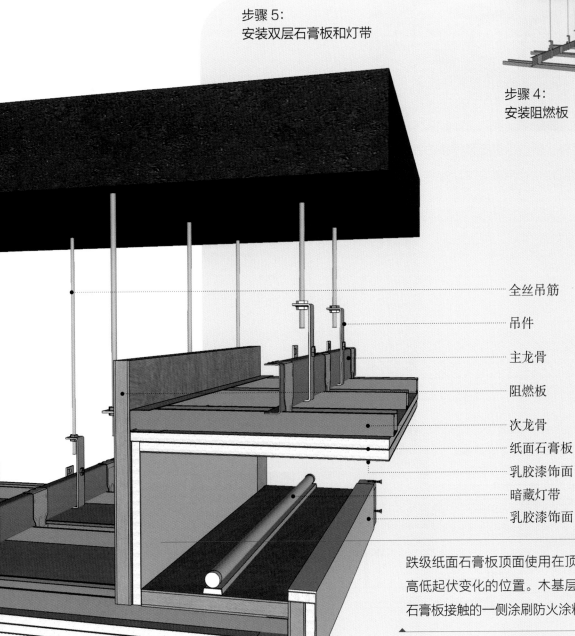

全丝吊筋

吊件

主龙骨

阻燃板

次龙骨

纸面石膏板

乳胶漆饰面

暗藏灯带

乳胶漆饰面

跌级纸面石膏板顶面使用在顶面具有
高低起伏变化的位置。木基层板未与
石膏板接触的一侧涂刷防火涂料。

护角条

节点 23. 带石膏线条暗藏灯带的顶面

卧室面积足够，所以用带石膏线条的跌级吊顶装饰顶面，暗藏的灯带让吊顶有了层次感，看上去非常有奢华感。

施工步骤

*D*50 主龙骨 @900mm

*D*50 次龙骨 @300mm

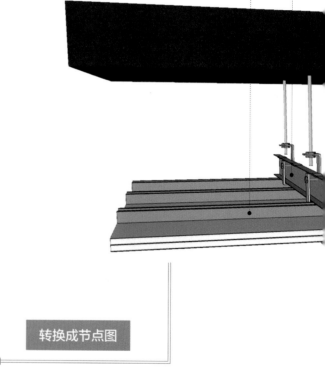

转换成节点图

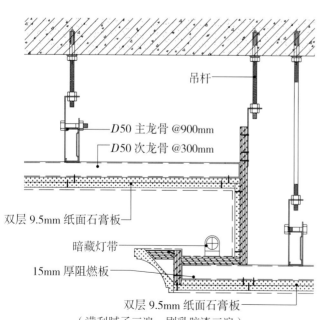

吊杆

*D*50 主龙骨 @900mm

*D*50 次龙骨 @300mm

双层 9.5mm 纸面石膏板

暗藏灯带

15mm 厚阻燃板

双层 9.5mm 纸面石膏板
（满刮腻子三遍，刷乳胶漆三遍）

带石膏线条暗藏灯带的顶面节点图

步骤 1：
安装吊杆和配件

步骤 2：
固定主龙骨

步骤 3：
固定次龙骨和边龙骨

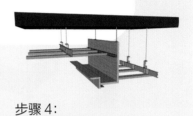

步骤 4：
安装阻燃板

步骤 5：
安装双层石膏板、石膏线和灯带

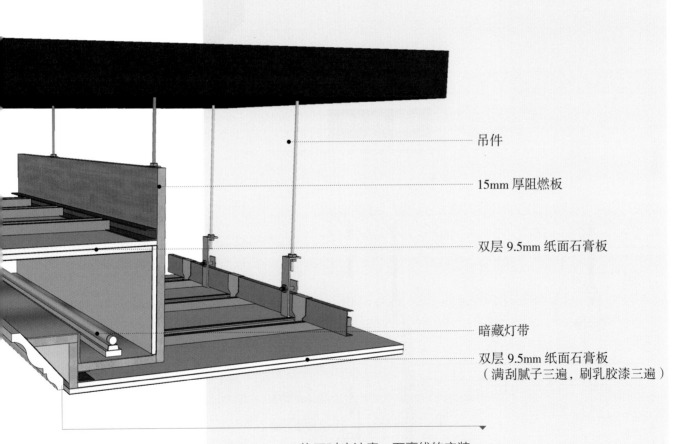

吊件

15mm 厚阻燃板

双层 9.5mm 纸面石膏板

暗藏灯带

双层 9.5mm 纸面石膏板
（满刮腻子三遍，刷乳胶漆三遍）

施工时应注意，石膏线的安装一
般在水电完成后开始，并在第一
遍腻子施工完成后进行。

节点 24. 带弧形石膏线条暗藏灯带的顶面（曲面半径＜ 300mm）

　　卧室层高较高，为了避免空旷感，顶面利用弧形吊顶和向上照射光的灯带修饰，视觉上降低层高。

施工步骤

转换成节点图

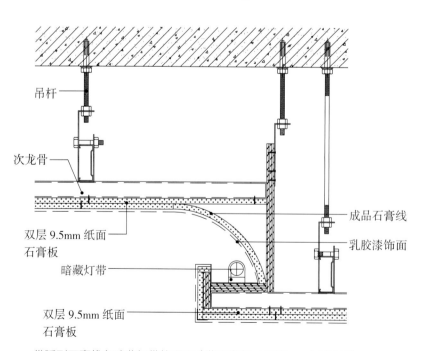

吊杆

次龙骨

双层 9.5mm 纸面
石膏板

暗藏灯带

成品石膏线

乳胶漆饰面

双层 9.5mm 纸面
石膏板

带弧形石膏线条暗藏灯带的顶面（曲面半径＜ 300mm）节点图

步骤 1:
安装吊杆和配件

步骤 2:
固定主龙骨

步骤 3:
固定次龙骨和边龙骨

步骤 5:
安装双层石膏板、石膏线和灯带

步骤 4:
安装阻燃板

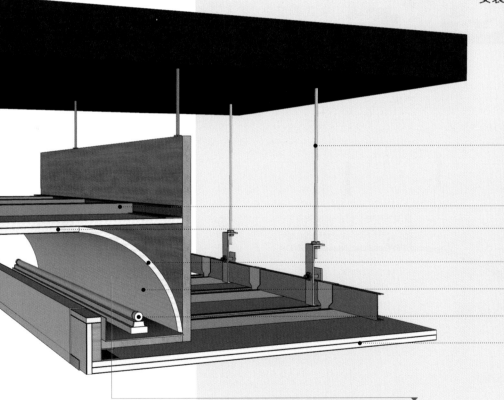

吊杆

次龙骨
双层 9.5mm 纸面石膏板

成品石膏线

乳胶漆饰面

暗藏灯带

双层 9.5mm 纸面石膏板

当顶面的曲面弧形半径距离
< 300mm 时，可以直接使
用成品的石膏线来达到曲面
的视觉效果。

节点 25. 带弧形石膏线条暗藏灯带的顶面
（300mm ＜曲面半径＜ 1000mm）

施工步骤

黄色的吸声面层给
以灰色为主调的空间添
加了暖色，避免整体空
间色调过冷，给人带来
不舒适的感觉。

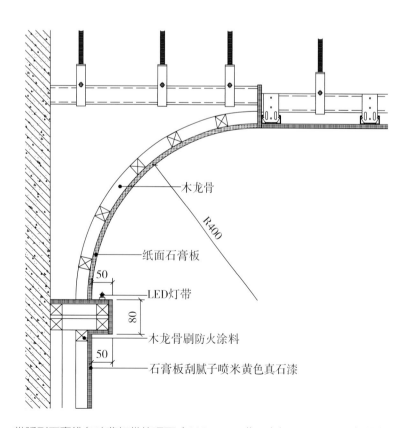

木龙骨

R400

纸面石膏板

50

LED灯带

80

木龙骨刷防火涂料

50

石膏板刮腻子喷米黄色真石漆

转换成节点图

带弧形石膏线条暗藏灯带的顶面（300mm ＜曲面半径＜ 1000mm）节点图

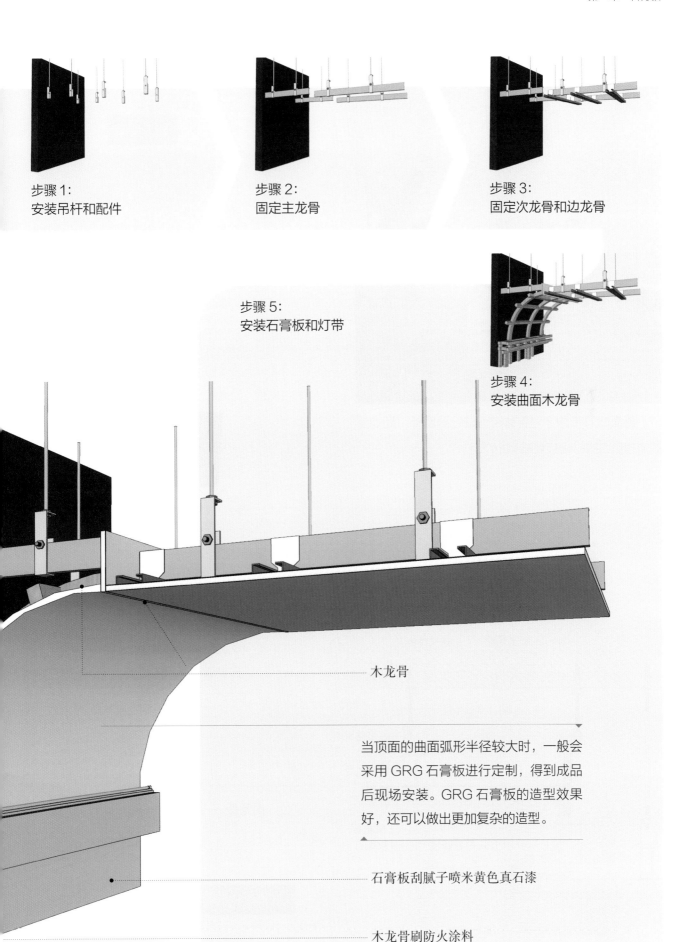

步骤 1：
安装吊杆和配件

步骤 2：
固定主龙骨

步骤 3：
固定次龙骨和边龙骨

步骤 5：
安装石膏板和灯带

步骤 4：
安装曲面木龙骨

木龙骨

当顶面的曲面弧形半径较大时，一般会采用 GRG 石膏板进行定制，得到成品后现场安装。GRG 石膏板的造型效果好，还可以做出更加复杂的造型。

石膏板刮腻子喷米黄色真石漆

木龙骨刷防火涂料

节点 26. 出风口暗藏灯带的顶面

侧面的灯带除了对整体空间进行照明外，还能够在清理风口的时候起到照明的作用。

施工步骤

在侧面固定风口，能够更加隐蔽，避免风口影响空间的整体装饰效果，灯带应安装在风口的位置。

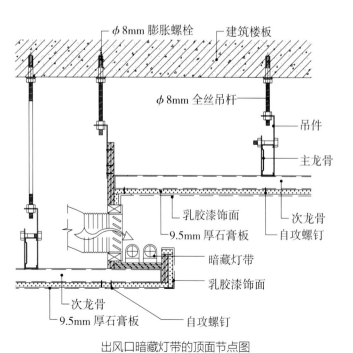

出风口暗藏灯带的顶面节点图

φ8mm 膨胀螺栓
建筑楼板
φ8mm 全丝吊杆
吊件
主龙骨
乳胶漆饰面
次龙骨
9.5mm 厚石膏板
自攻螺钉
暗藏灯带
乳胶漆饰面
次龙骨
9.5mm 厚石膏板
自攻螺钉

次龙骨

转换成节点图

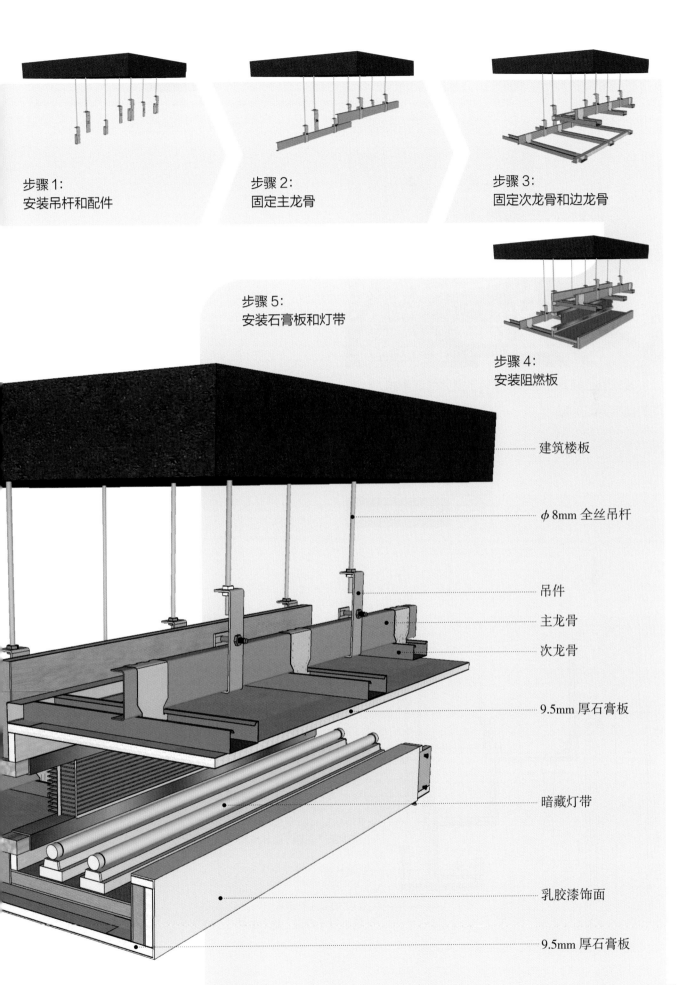

步骤1：
安装吊杆和配件

步骤2：
固定主龙骨

步骤3：
固定次龙骨和边龙骨

步骤5：
安装石膏板和灯带

步骤4：
安装阻燃板

建筑楼板

φ8mm 全丝吊杆

吊件

主龙骨

次龙骨

9.5mm 厚石膏板

暗藏灯带

乳胶漆饰面

9.5mm 厚石膏板

节点 27. 窗帘盒暗藏灯带的顶面（低于窗户）

施工步骤

暖光配上轻薄的纱帘，减轻了空间的沉重感，让空间的氛围更加温馨。

转换成节点图

ϕ 8mm 丝杆

木方（刷防火涂料）

18mm 细木工板（刷防火涂料）

单层 9.5mm 石膏板
（满批腻子三遍，刷乳胶漆三遍）

暗藏灯带

双层 9.5mm 石膏板
（满批腻子三遍，刷乳胶漆三遍）

130

200

100

100

250

窗帘盒暗藏灯带的顶面（低于窗户）节点图

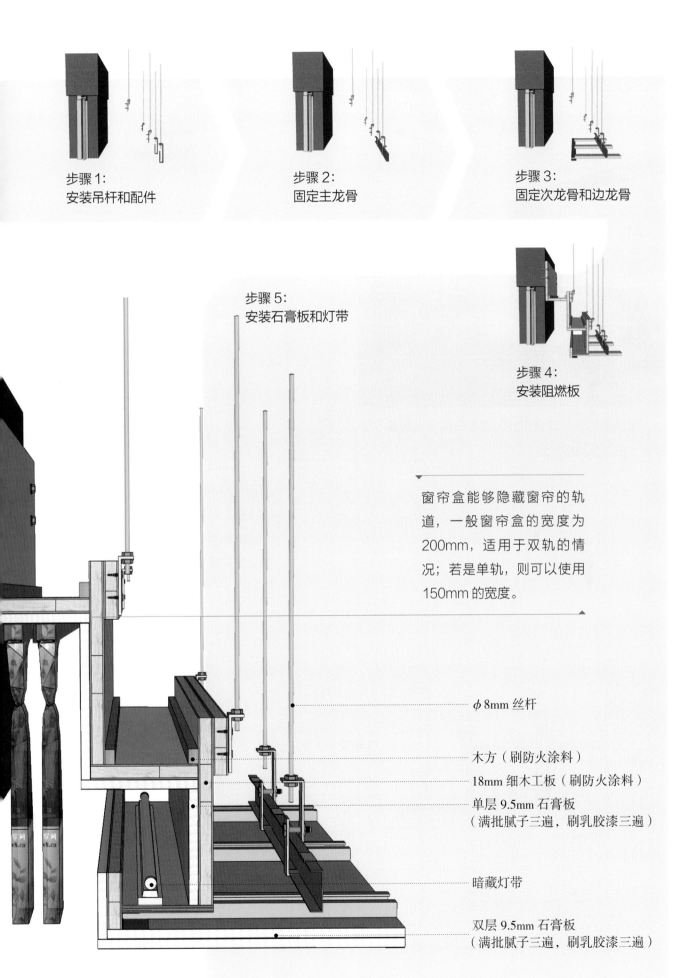

步骤 1：
安装吊杆和配件

步骤 2：
固定主龙骨

步骤 3：
固定次龙骨和边龙骨

步骤 5：
安装石膏板和灯带

步骤 4：
安装阻燃板

窗帘盒能够隐藏窗帘的轨道，一般窗帘盒的宽度为200mm，适用于双轨的情况；若是单轨，则可以使用150mm的宽度。

ϕ 8mm 丝杆

木方（刷防火涂料）

18mm 细木工板（刷防火涂料）

单层 9.5mm 石膏板
（满批腻子三遍，刷乳胶漆三遍）

暗藏灯带

双层 9.5mm 石膏板
（满批腻子三遍，刷乳胶漆三遍）

节点 28. 窗帘盒暗藏灯带的顶面（高于窗户）

暖色的灯带，让窗户处即使是在黑夜也带着一丝暖意，而不是死板的黑。

施工步骤

灯带和窗帘中间间隔着细木工板，或者和窗户留有一定的距离，能够有效地防止火灾等安全隐患。

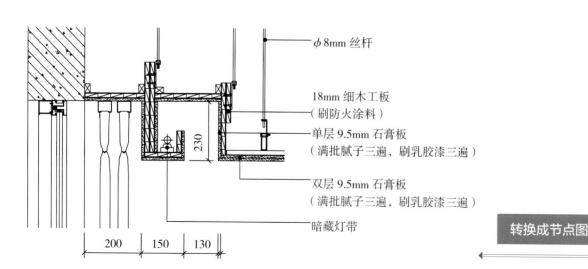

ϕ 8mm 丝杆

18mm 细木工板
（刷防火涂料）

单层 9.5mm 石膏板
（满批腻子三遍，刷乳胶漆三遍）

双层 9.5mm 石膏板
（满批腻子三遍，刷乳胶漆三遍）

暗藏灯带

230

200　150　130

转换成节点图

窗帘盒暗藏灯带的顶面（高于窗户）节点图

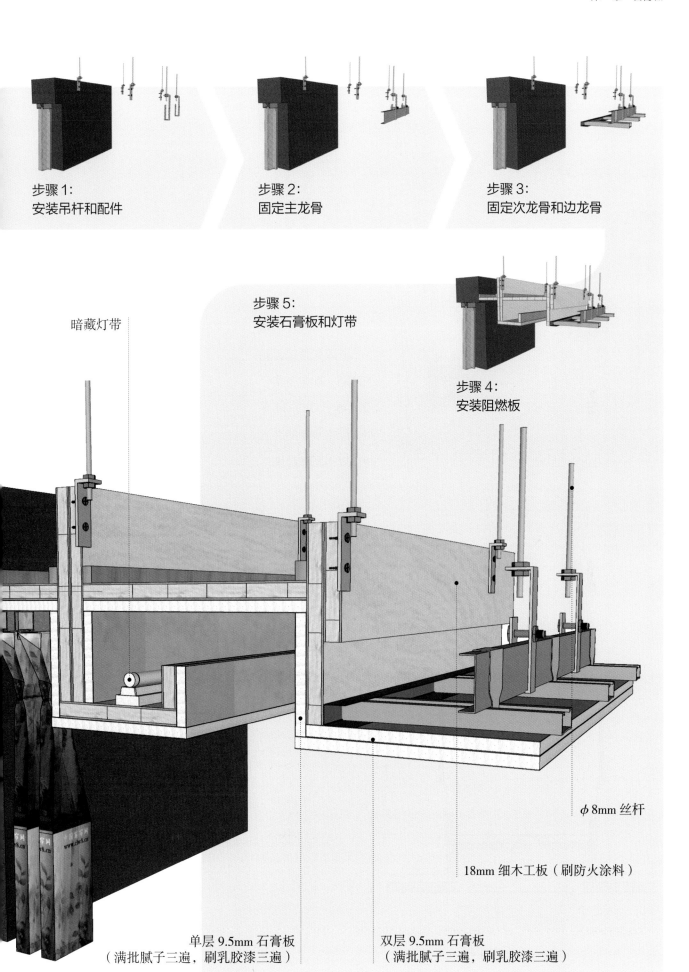

步骤1：
安装吊杆和配件

步骤2：
固定主龙骨

步骤3：
固定次龙骨和边龙骨

步骤5：
安装石膏板和灯带

步骤4：
安装阻燃板

暗藏灯带

φ8mm 丝杆

18mm 细木工板（刷防火涂料）

单层 9.5mm 石膏板
（满批腻子三遍，刷乳胶漆三遍）

双层 9.5mm 石膏板
（满批腻子三遍，刷乳胶漆三遍）

节点 29. 嵌入式顶花洒

施工步骤图

嵌入式顶花洒融入顶面，视觉上整个顶面看起来非常平整，原本窄小的淋浴间也变得宽敞起来。

转换成节点图

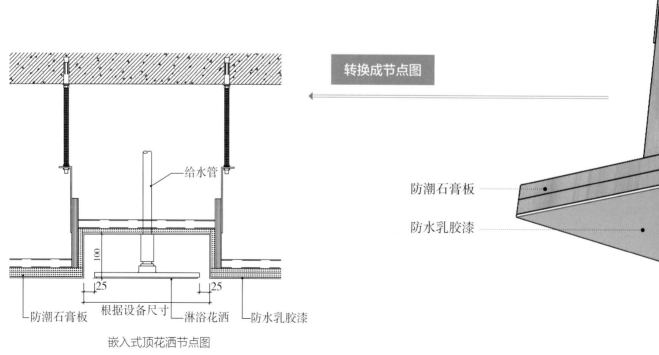

给水管

防潮石膏板

防水乳胶漆

100

25　25

防潮石膏板　根据设备尺寸　淋浴花洒　防水乳胶漆

嵌入式顶花洒节点图

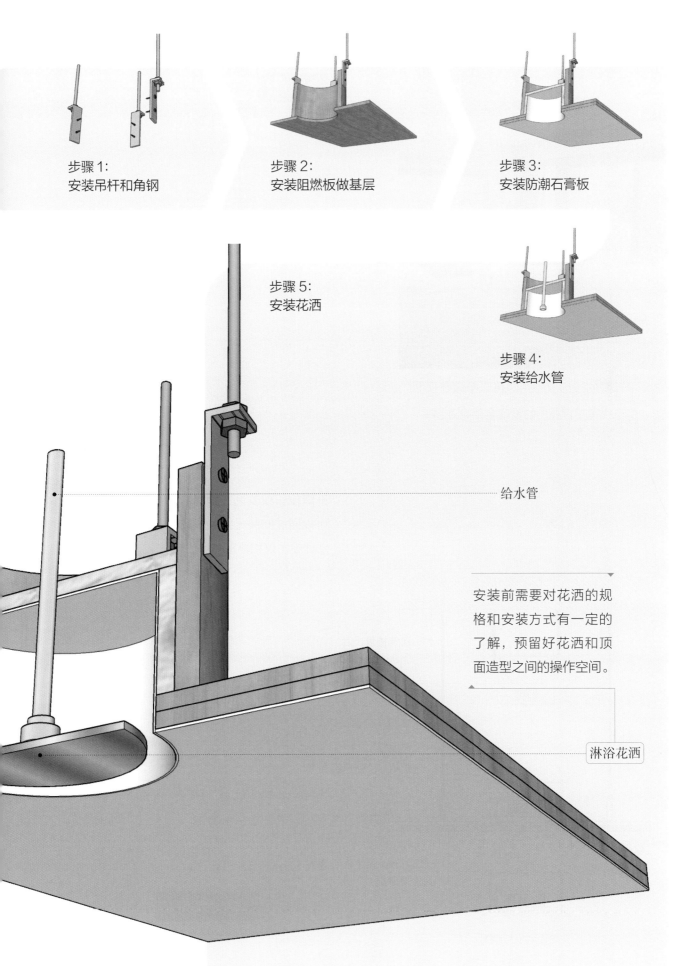

步骤 1：
安装吊杆和角钢

步骤 2：
安装阻燃板做基层

步骤 3：
安装防潮石膏板

步骤 5：
安装花洒

步骤 4：
安装给水管

给水管

安装前需要对花洒的规格和安装方式有一定的了解，预留好花洒和顶面造型之间的操作空间。

淋浴花洒

节点 30. 升降投影仪

可升降的投影仪不用时可以隐藏在顶面内部，将电线等不宜露出的设备全部隐藏起来。

施工步骤

升降投影仪安装在顶面内部，可以通过安装无线触发器的方法让投影仪和幕布同步。

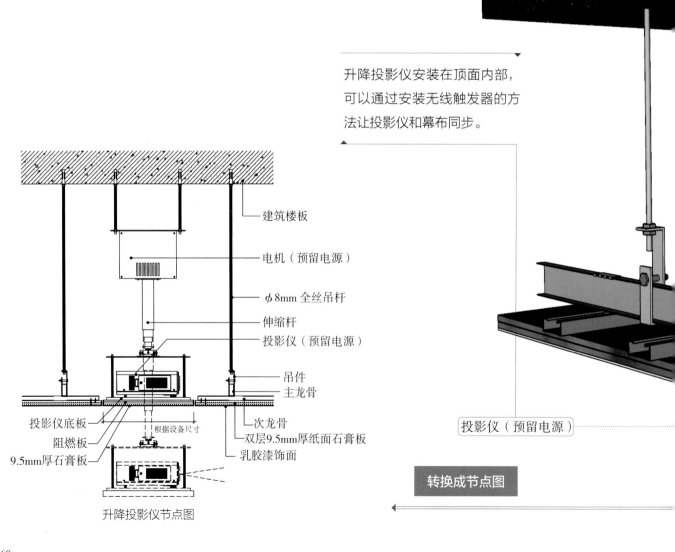

投影仪（预留电源）

转换成节点图

建筑楼板

电机（预留电源）

φ8mm 全丝吊杆

伸缩杆

投影仪（预留电源）

吊件

主龙骨

次龙骨

双层9.5mm厚纸面石膏板

乳胶漆饰面

投影仪底板

阻燃板

9.5mm厚石膏板

根据设备尺寸

升降投影仪节点图

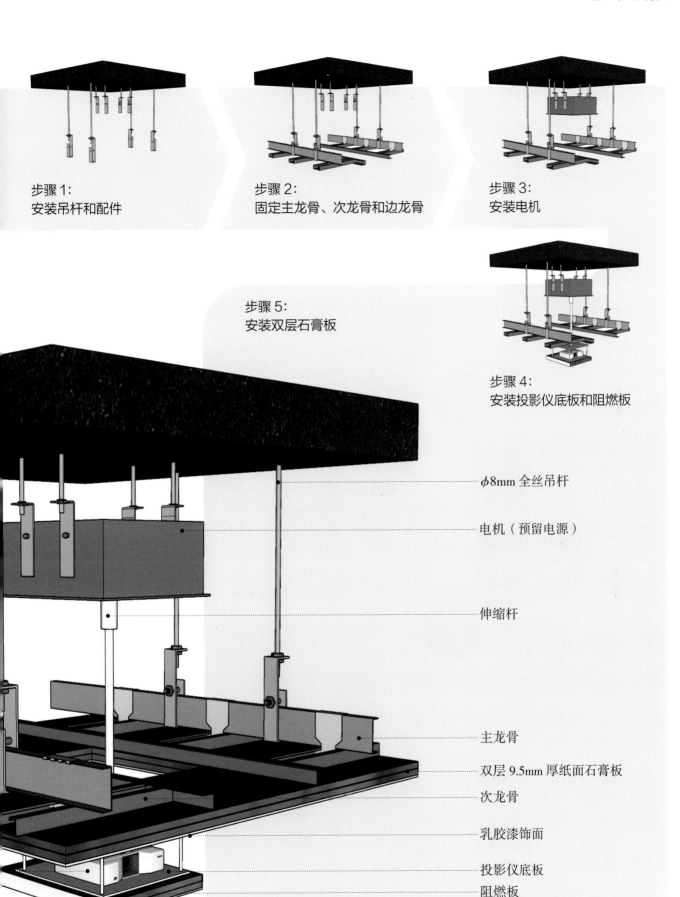

步骤 1：
安装吊杆和配件

步骤 2：
固定主龙骨、次龙骨和边龙骨

步骤 3：
安装电机

步骤 5：
安装双层石膏板

步骤 4：
安装投影仪底板和阻燃板

ϕ8mm 全丝吊杆

电机（预留电源）

伸缩杆

主龙骨

双层 9.5mm 厚纸面石膏板

次龙骨

乳胶漆饰面

投影仪底板

阻燃板

9.5mm 厚石膏板

专题 石膏板顶面设计与施工关键点

材质分类

纸面石膏板
室内装修中使用最多的一类石膏板，重量轻，不易变形

无纸面石膏板
代表为纤维石膏板，施工便捷，装饰效果好

普通石膏板
适用于无特殊要求的使用场所，但要注意使用场所连续相对湿度不能超过 65%

石膏板选购技巧。
① 好的纸面石膏板的板芯白，而差的板芯发黄，含有黏土，颜色暗淡。
② 石膏板密实度越高越耐用，可以用手敲击，发出很实的声音说明石膏板严实耐用。用手掂分量也可以衡量石膏板的优劣。相同厚度的纸面石膏板，优质的板材比劣质的板材一般要轻。
③ 优质纸面石膏板轻且薄，强度高，表面光滑，无污渍，纤维长，韧性好；劣质纸面石膏板较重较厚，强度较差，表面粗糙，有时可看见油污斑点，易脆裂。

石膏板

防水石膏板
在石膏芯材里加入定量的防水剂，具有防水性能。廉价，美观

防火石膏板
含有玻璃纤维和其他添加剂，具有防火性能，透气性好，施工简单

防潮石膏板
纸面和石膏内芯做过防潮处理的石膏板，防潮，防火，便于施工

功能性石膏板
广泛应用于吊顶、墙面、隔墙

PVC 贴面石膏板
在纸面石膏板的一面采用 PVC 为主要材料，耐污染，隔音，隔热

浮雕石膏板
在石膏板上雕刻出各种立体的图案或线条，绿色环保，安装便捷，隔音降噪

装饰石膏板
除了用于吊顶外，还可装饰墙面和墙裙等

玻璃纤维增强石膏板
可塑性非常强，安装便利，不易损坏

石膏印花板
将各种图案印制上石膏板，形成凹凸的图案，美观，质量好

穿孔石膏板
用特制高强纸面石膏板为基板。吸声率强，安装便捷

◪ 施工工艺

　　石膏板的施工工艺根据吊顶造型的不同有所不用，常见的有直接式吊顶法、支撑卡件式吊顶法、卡式龙骨吊顶法和悬挂式吊顶法。

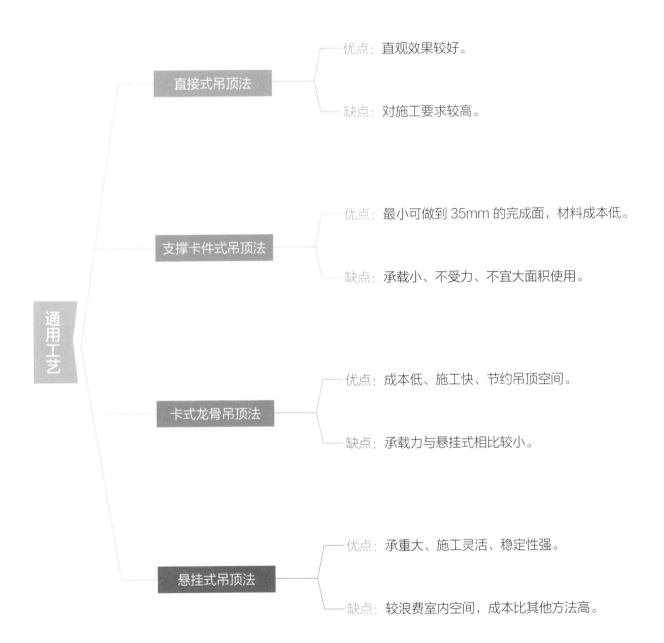

通用工艺

直接式吊顶法
　优点：直观效果较好。
　缺点：对施工要求较高。

支撑卡件式吊顶法
　优点：最小可做到 35mm 的完成面，材料成本低。
　缺点：承载小、不受力、不宜大面积使用。

卡式龙骨吊顶法
　优点：成本低、施工快、节约吊顶空间。
　缺点：承载力与悬挂式相比较小。

悬挂式吊顶法
　优点：承重大、施工灵活、稳定性强。
　缺点：较浪费室内空间，成本比其他方法高。

✏️ 搭配技巧

低矮房间可做局部吊顶

　　在比较低矮的房间中，可采用局部式的条形或块面式吊顶，拉低一小部分的房高，通过吊顶与原顶的高差，反而会让整体房高显得更高一些，若搭配一些暗藏式的灯光，效果会更明显。

面积不大的客厅，仅在顶面做了一圈局部式石膏板吊顶，隐藏管线和空调的同时不会影响室内层高。

开放的小空间，可以利用局部吊顶从视觉上区分空间。

层高较高的房间可做整体式或跌级顶

如果房间的高度过高，会让人感觉十分空旷，这种情况下，就可以用石膏板做整体式的吊顶，来降低房间的高度。可以在背景墙一侧留出一道暗藏灯带，塑造出一种延伸感；还可以做多层次的跌级吊顶，搭配吊顶，来减少空旷感。

层高较高的客厅可以使用跌级吊顶和下垂式吊灯的搭配组合，减少空旷感。

根据空间特点选择适合的种类

在使用石膏板时，宜结合使用空间的特点选择合适的款式，如在普通区域中做吊顶，平面式的石膏板就可以满足需求，若追求个性也可选择浮雕板；如果是在卫生间或厨房使用，则需要防水或防火的石膏板；而如果是在影音室中，则适合选择穿孔石膏板来吸音。

卫生间内用石膏板做吊顶时，适合使用防水石膏板。

石膏板造型与空间风格做呼应

在不同的风格中，可以针对性选择不同造型的石膏板来搭配装饰。如果是现代类风格，最好选择平板造型的石膏板；如果是复古类风格，可以选择带有雕花图案的石膏板。

客厅整体氛围偏欧式轻奢风格，因此顶面采用了雕花石膏板做装饰，让顶面有符合轻奢氛围的装饰效果，同时也减少顶面空白感。

现代风格的顶面最好选择整体式的石膏板吊顶，更有利于体现简洁感。

曲面吊顶视觉效果突出，更吸睛

带有弧度的曲面吊顶比普通的平面吊顶更能吸引人注意，主要注意吊顶曲面弧度距离小于300mm时，顶面造型可直接使用成品石膏线完成；吊顶曲面弧度大于300mm，小于1000mm时，则通过吊杆固定龙骨的方法完成；若曲面弧度大于1000mm，近似于该接待门厅的斜屋面吊顶，则直接通过最传统的木挂板连接次龙骨来完成曲面。

较大曲面的吊顶看上去像屋顶一般，配合灯光，自然地吸引人的注意。

弧形的吊顶弱化了顶梁的存在，强调空间的立体感。

不同吊顶样式的不同效果

平面吊顶

以平面为主增加一些光源

平面吊顶多设计在现代、简约以及北欧等风格的空间中，吊顶的样式以平面为主，增加一些暗藏灯带、筒灯、射灯的光源，来丰富平面吊顶的线性美感。

常见圆形、椭圆形以及半弧线造型

弧形吊顶

弧线吊顶适合设计在不规则的空间中，如多边形空间、弧形空间等，将弧线吊顶的弧度美感与空间的弧度相结合进行设计。

跌级吊顶

类似阶梯的形式

跌级吊顶就是一般意义上的二级、三级或者多级吊顶,可以在跌级吊顶的内部设计暗藏灯带,增加吊顶的纵深感。

藻井式吊顶

藻井式吊顶具有突出的立体感与厚重感,会运用粗细不同的石膏线条、实木线条装饰修边,以增加藻井式吊顶边角的自然感。

藻井式吊顶

金属板

  金属板是以金属材质为基材，如：铝及铝合金基材、钢板基材、不锈钢基材、铜基材等，表面通过不同工艺，如喷涂、烤漆、转印等加工而成的装饰板材。本身具有易加工、好成形、耐火极限高、颜色丰富、形式多样、可塑性强等特性。金属类顶面根据面板的材质、板块形式、尺寸规格等，安装工艺基本为粘贴以及专用龙骨卡槽等连接方式。其中粘贴工艺由于工艺做法基本类同于墙面，本章主要对模块化的金属板配合专用龙骨进行安装的金属板工艺进行介绍。

第二章

节点 31. 铝单板顶面

不同大小的铝板错缝拼接，在顶面形成良好的装饰效果。

施工步骤

铝单板顶面具有良好的抗压性和耐用性，但是形式相对来说比较单一，安装时对平整度的要求较高，不适合用于大面积的顶面上。

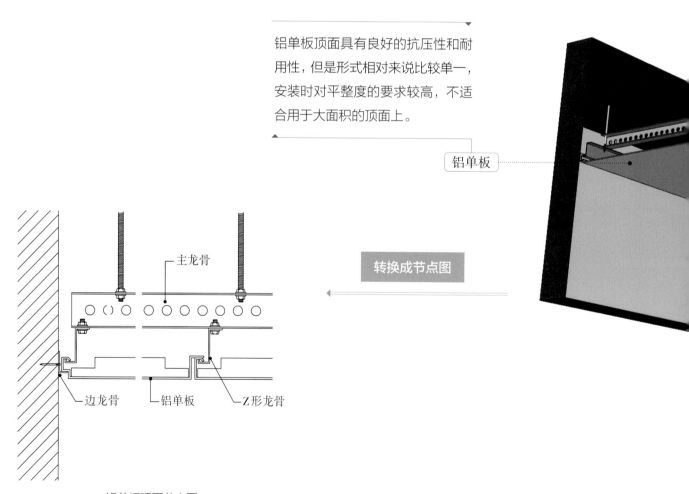

铝单板

转换成节点图

主龙骨

边龙骨　铝单板　Z形龙骨

铝单板顶面节点图

步骤 1：
安装吊杆

步骤 2：
固定主龙骨

步骤 3：
固定次龙骨和边龙骨

步骤 4：
安装铝单板

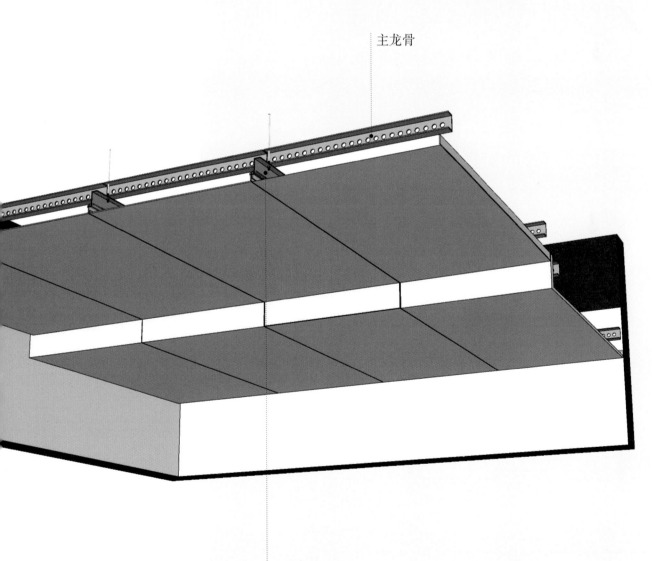

主龙骨

Z 形龙骨

节点 32. 铝单板顶面伸缩缝

铝单板的金属感让白色石膏板吊顶有了一丝现代感。

施工步骤

选用铝单板做顶面时，应注
意铝单板立面超过 150mm
时，需做加强设计。

白色微孔铝单板

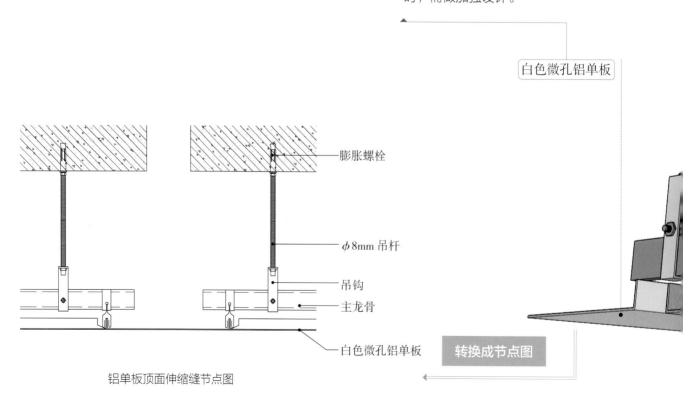

膨胀螺栓

ϕ8mm 吊杆

吊钩

主龙骨

白色微孔铝单板

转换成节点图

铝单板顶面伸缩缝节点图

步骤 1:
安装吊杆和配件

步骤 2:
固定主龙骨

步骤 3:
固定次龙骨

步骤 4:
安装铝单板

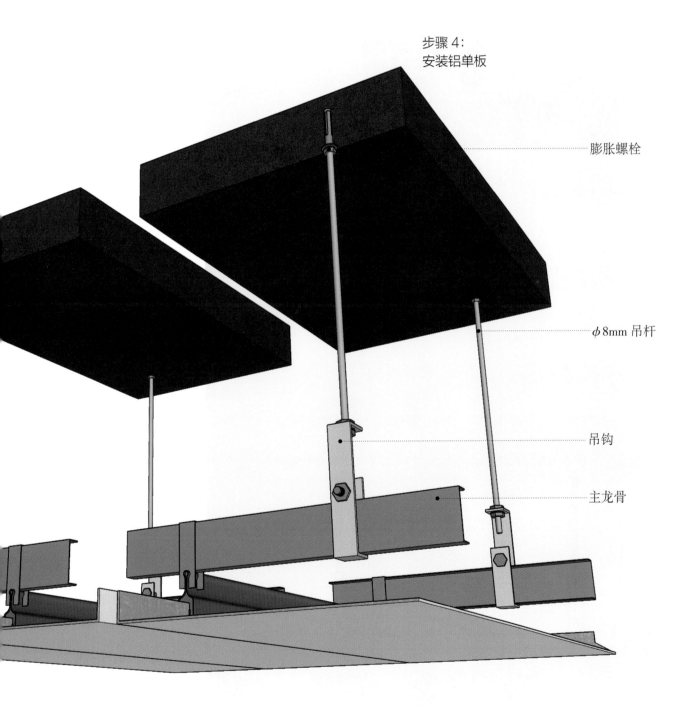

膨胀螺栓

ϕ8mm 吊杆

吊钩

主龙骨

节点 33. 不锈钢折板顶面

　　不锈钢顶面不仅可以反射光线，而且与灯具搭配能形成较突出的视觉效果。

施工步骤

不锈钢折板的耐腐蚀性和耐高温性很强，但是成本会比普通钢折板要高，其效果也会比较单一，不太适合用于小居室空间。

不锈钢折板

转换成节点图

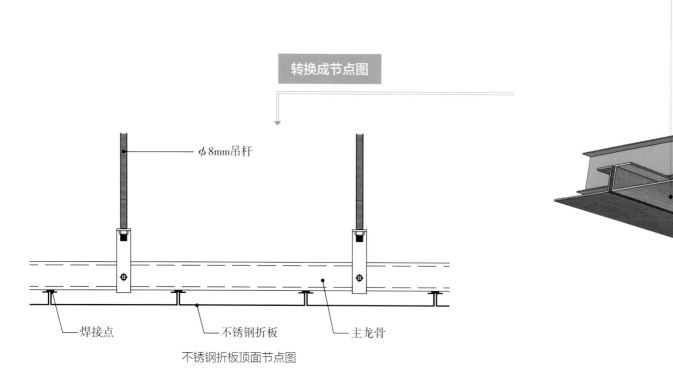

ϕ8mm吊杆

焊接点　　　　不锈钢折板　　　　主龙骨

不锈钢折板顶面节点图

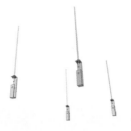

步骤 1:
安装吊杆和配件

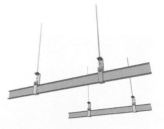

步骤 2:
固定主龙骨

步骤 3:
安装不锈钢折板

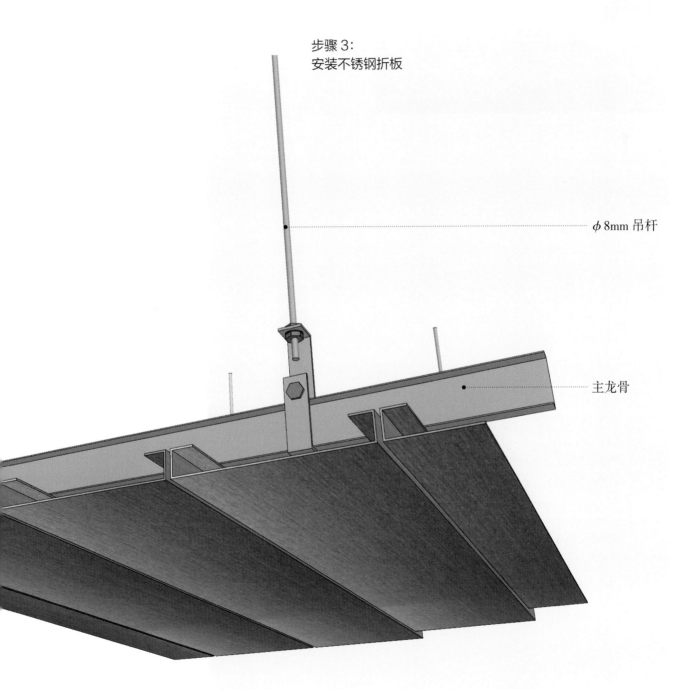

ϕ 8mm 吊杆

主龙骨

节点 34. 方形铝扣板顶面

白色的方形铝扣板不会压缩层高，顶面设计十分干净、自然。

施工步骤

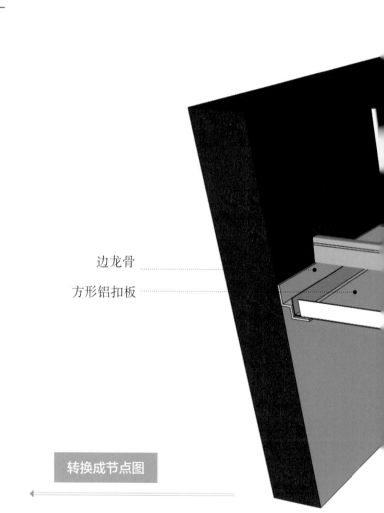

边龙骨

方形铝扣板

转换成节点图

上层暗架龙骨

边龙骨　方形铝扣板　下层暗架龙骨

方形铝扣板顶面节点图

步骤 1:
安装吊杆

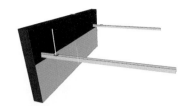

步骤 2:
固定主龙骨

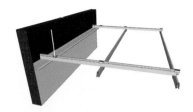

步骤 3:
固定次龙骨和边龙骨

步骤 4:
安装铝扣板

铝扣板顶面质轻,防水、防潮性能好,但款式和形态比较单一,适用于厨卫空间及公装空间。

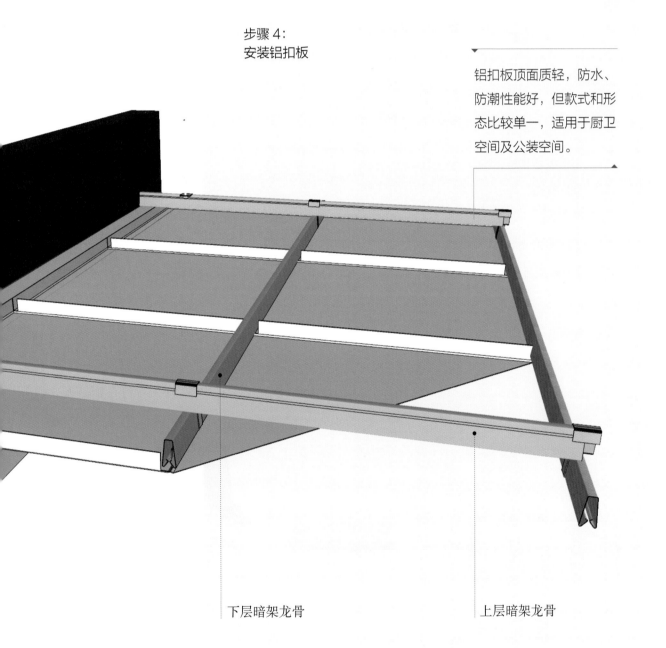

下层暗架龙骨

上层暗架龙骨

节点 35. 条形铝扣板顶面

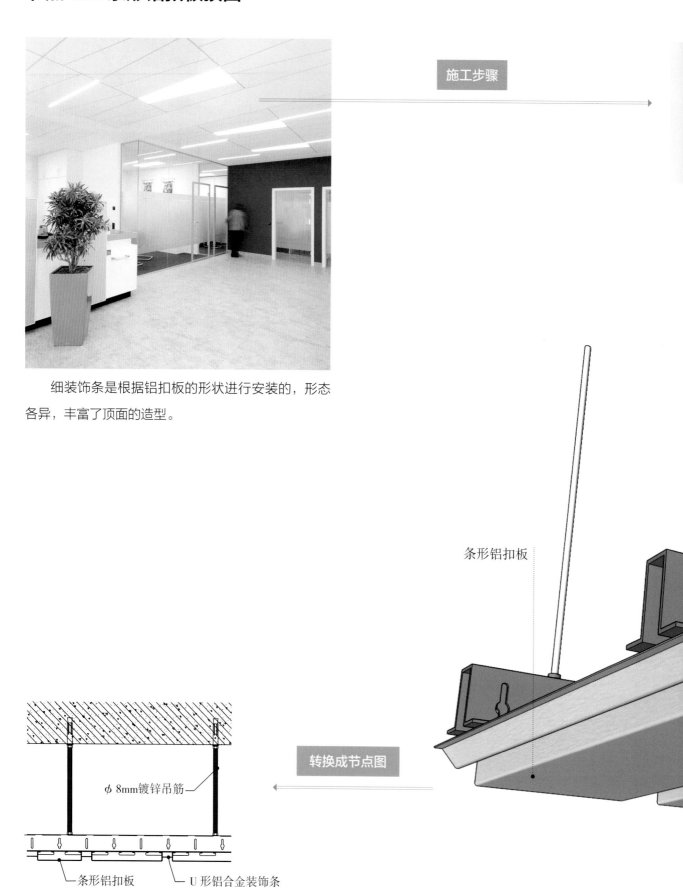

细装饰条是根据铝扣板的形状进行安装的，形态各异，丰富了顶面的造型。

施工步骤

条形铝扣板

转换成节点图

ϕ 8mm镀锌吊筋

条形铝扣板　　　U形铝合金装饰条

条形铝扣板顶面节点图

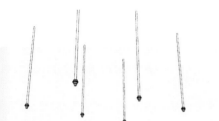

步骤 1：
安装吊杆

步骤 2：
固定主龙骨

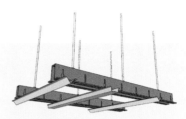

步骤 3：
固定 U 形或者 V 形铝合金
装饰条

步骤 4：
安装条形铝扣板

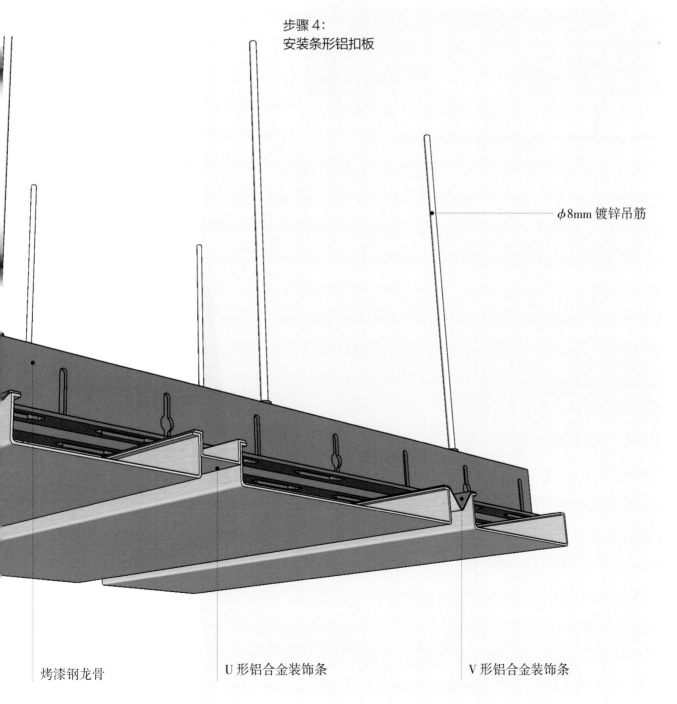

ϕ8mm 镀锌吊筋

烤漆钢龙骨　　　　　　U 形铝合金装饰条　　　　　V 形铝合金装饰条

节点 36. 铝格栅顶面

一般在工装空间中采用铝板栅顶面比较多。采用铝格栅做顶面可以使空间更具有通透感，不会有压抑的感觉。

施工步骤

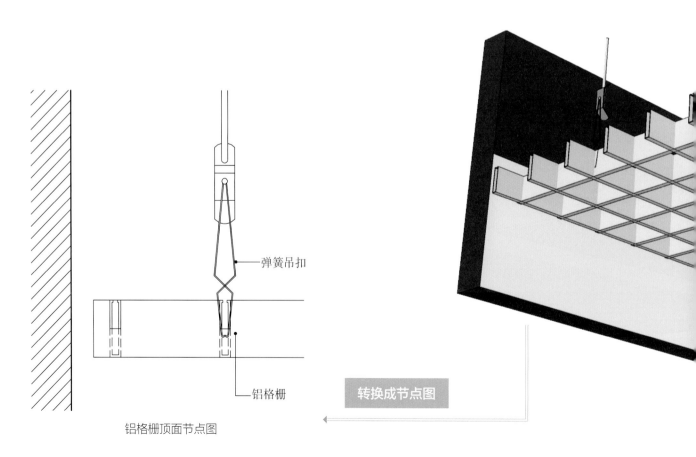

弹簧吊扣

铝格栅

转换成节点图

铝格栅顶面节点图

步骤 1:
安装吊杆

步骤 2:
固定弹簧吊扣

步骤 3:
安装铝格栅

该做法采用弹簧吊扣的安装方式，选用时应注意龙骨及配件自身的承载力。因此，该做法一般用于小面积的空间。

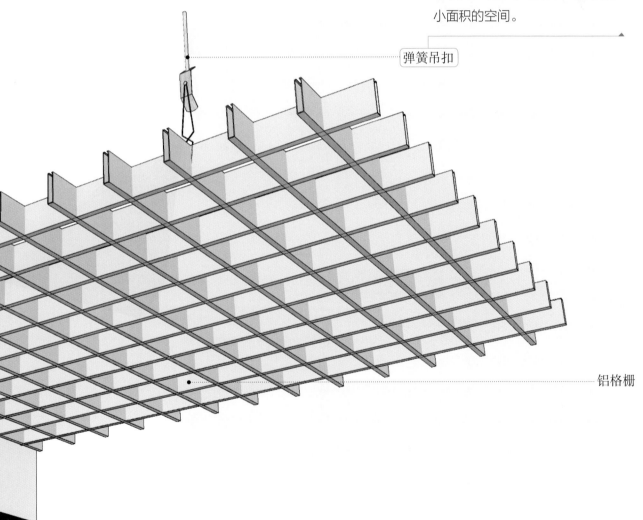

弹簧吊扣

铝格栅

节点 37. 铝方通顶面

铝方通中夹杂着灯带，使整个顶部空间效果变得更加和谐。

施工步骤

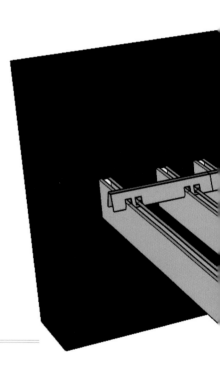

转换成节点图

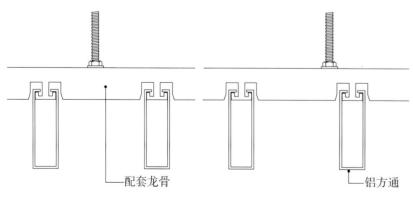

配套龙骨

铝方通

铝方通顶面节点图

步骤 1:
安装吊杆

步骤 2:
固定配套龙骨

步骤 3:
安装铝方通

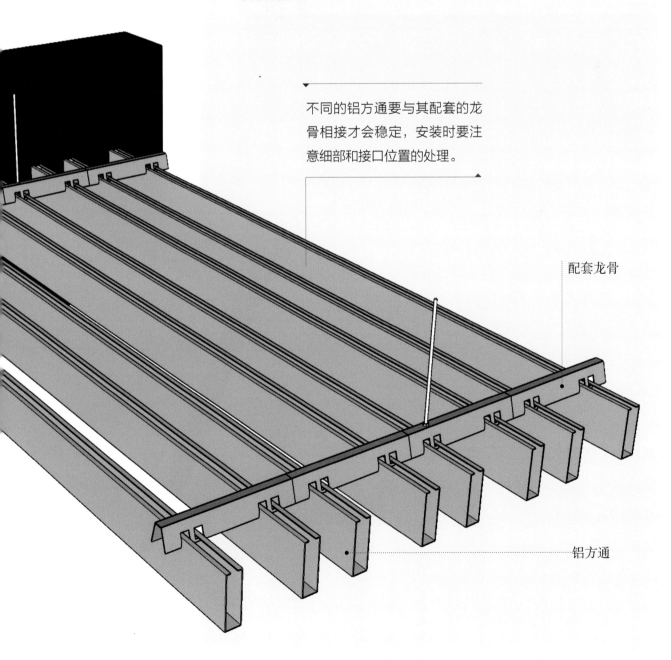

不同的铝方通要与其配套的龙
骨相接才会稳定,安装时要注
意细部和接口位置的处理。

配套龙骨

铝方通

节点 38. 铝垂片顶面

　　铝垂片可使长形空间显得更为宽敞，不再因距离而产生局促感，同时有着充足的光感与层次感，更使空间充满时尚气息。

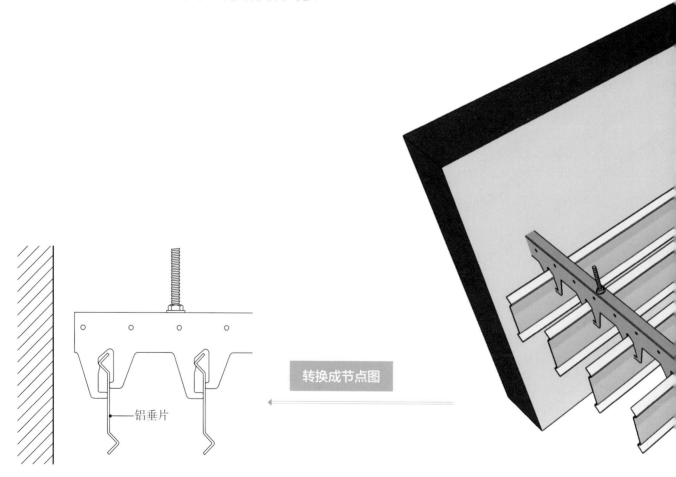

铝垂片

转换成节点图

铝垂片顶面节点图

施工步骤

步骤1：
安装配套龙骨

步骤2：
固定铝锤片

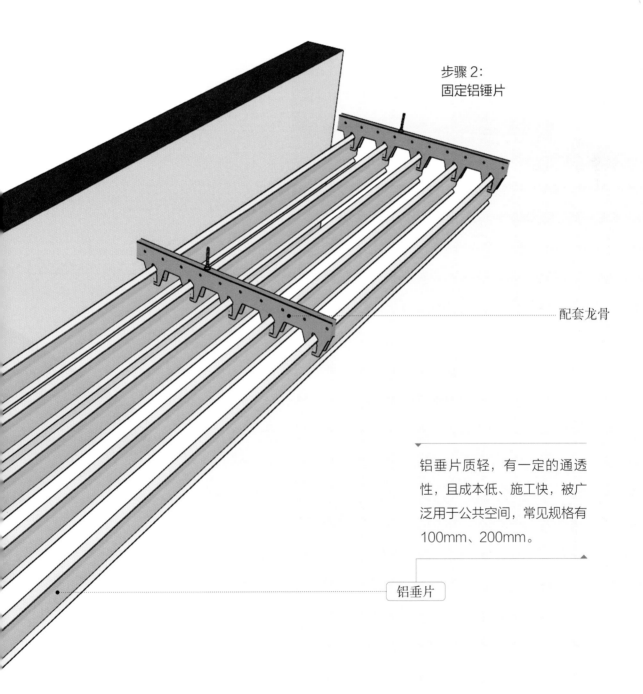

配套龙骨

铝垂片质轻，有一定的通透性，且成本低、施工快，被广泛用于公共空间，常见规格有100mm、200mm。

铝垂片

节点 39. 金属编织网顶面

施工步骤

暗龙骨的金属编织网只是隐隐地能在其中看到龙骨的存在，网格的形式增加了顶面的通透性，同时光影效果让顶面更具特色。

转换成节点图

建筑楼板

膨胀螺栓

角钢固定件

角钢

螺栓

角钢

焊接　　金属编织网　　金属龙骨

金属编织网顶面节点图

步骤 1：
安装吊杆和配件

步骤 2：
固定主龙骨

步骤 3：
固定次龙骨、边龙骨和
木龙骨

步骤 4：
安装金属编织网

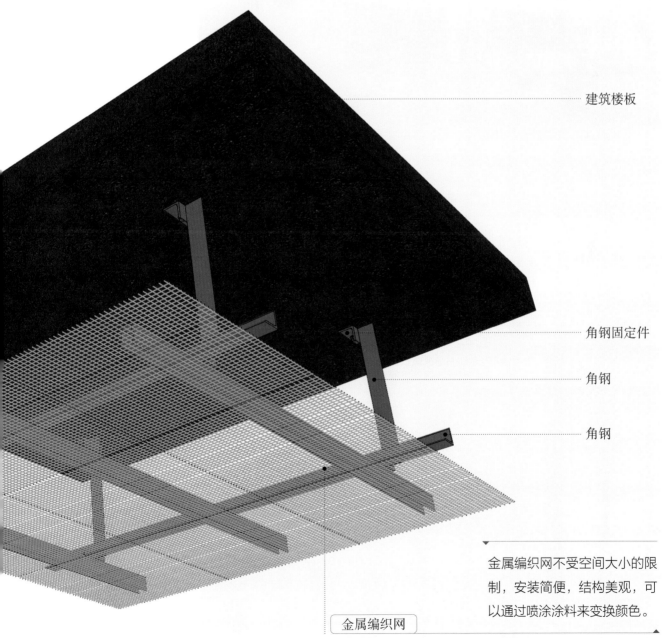

建筑楼板

角钢固定件

角钢

角钢

金属编织网不受空间大小的限
制，安装简便，结构美观，可
以通过喷涂涂料来变换颜色。

金属编织网

节点 40. 金属板与乳胶漆相接

不同形状的金属板分块拼接在一起，与纸面石膏板产生了一定的高差，使顶面有了波浪的形态。

施工步骤

边龙骨
凹槽

18mm 厚细木工板
（刷防火涂料三遍）

双层9.5mm厚纸面石膏板
（满刮腻子三遍，乳胶漆三遍）

U形铝型材

L形不锈钢型材收边

12mm厚细木工板
（刷防火涂料三遍）

18mm厚细木工板
（刷防火涂料三遍）

φ8mm吊杆

L形不锈钢型材收边

金属板与乳胶漆相接处安装L形不锈钢型材进行收边，与金属材料融合在一起，不显突兀。任何场景都适用，可根据设计效果来选择。

转换成节点图

金属板与乳胶漆相接节点图

步骤 1：
安装吊杆

步骤 2：
固定主龙骨

步骤 3：
固定次龙骨、边龙骨和
细木工板

步骤 5：
安装金属板用 L 形
不锈钢型材收边

步骤 4：
安装双层纸面石膏板和
U 形铝型材收边

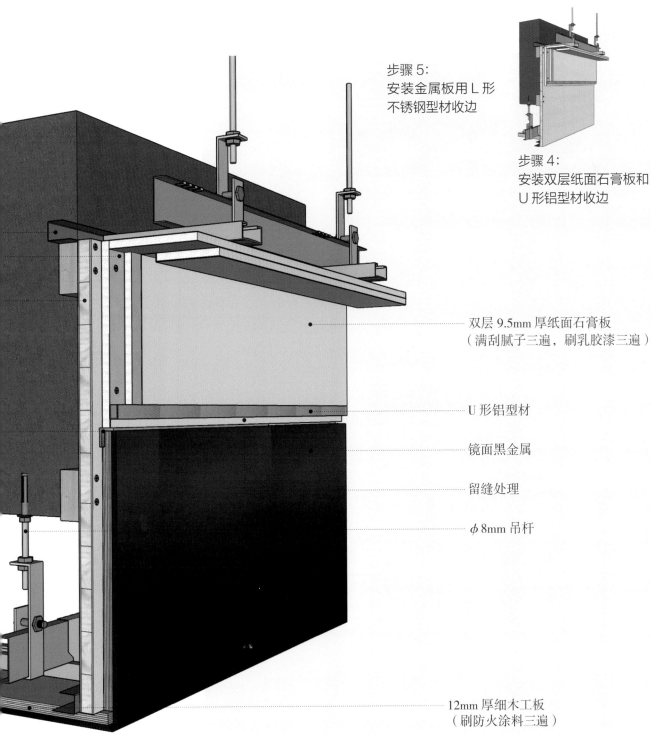

双层 9.5mm 厚纸面石膏板
（满刮腻子三遍，刷乳胶漆三遍）

U 形铝型材

镜面黑金属

留缝处理

ϕ 8mm 吊杆

12mm 厚细木工板
（刷防火涂料三遍）

节点 41. 金属板与风口相接

施工步骤

　　黄铜色低反射的金属板使空间物体在顶面上有模糊的映射，从视觉上增加顶面高度的同时也保护了隐私。

转换成节点图

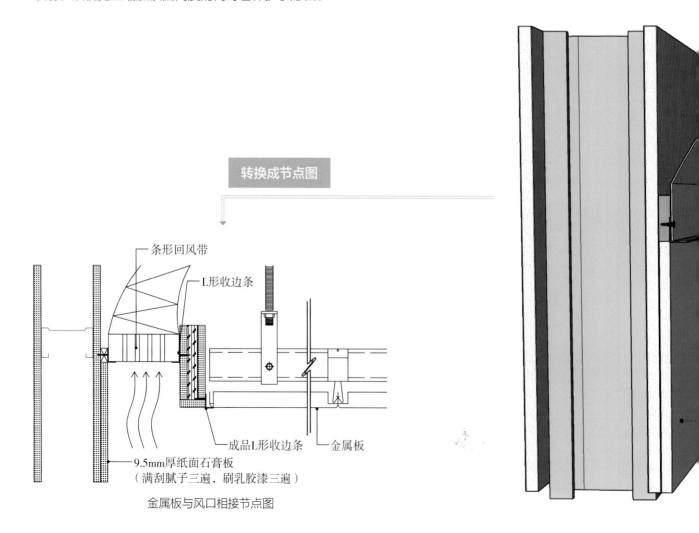

条形回风带

L形收边条

成品L形收边条　　金属板

9.5mm厚纸面石膏板
（满刮腻子三遍，刷乳胶漆三遍）

金属板与风口相接节点图

步骤 1:
安装条形出风口

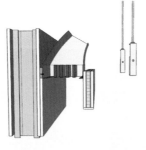

步骤 2:
安装吊杆和配件

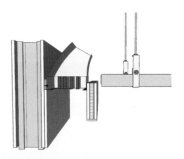

步骤 3:
固定主龙骨

步骤 4:
安装金属板及收口

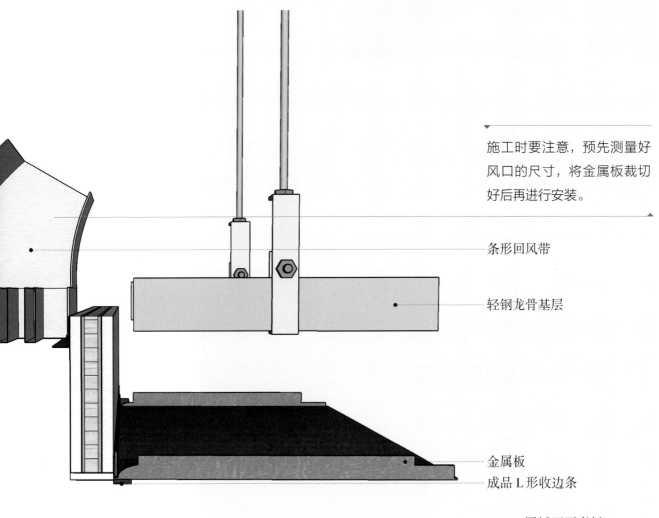

施工时要注意，预先测量好风口的尺寸，将金属板裁切好后再进行安装。

条形回风带

轻钢龙骨基层

金属板

成品 L 形收边条

9.5mm 厚纸面石膏板
（满刮腻子三遍，刷乳胶漆三遍）

节点 42. 铝板与乳胶漆相接

施工步骤

　　用铝型材将铝板周边围起来，同时两侧采用白色乳胶漆做边缘处的收边，若是其他异形空间，纸面石膏板更方便裁切并贴合空间形态。铝板采用穿孔的形式，光线从小孔中隐隐透出，保证空间整体明亮的同时也柔和了光线。

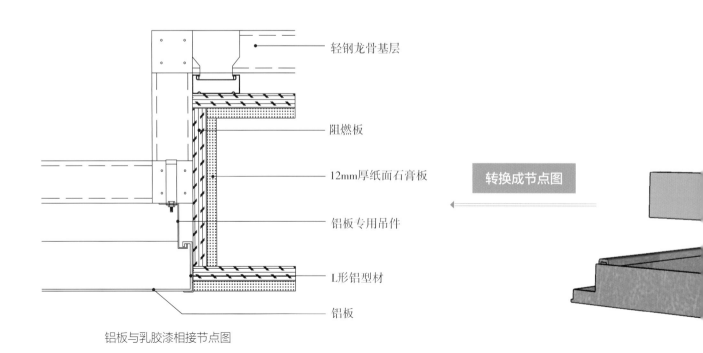

轻钢龙骨基层

阻燃板

12mm厚纸面石膏板

转换成节点图

铝板专用吊件

L形铝型材

铝板

铝板与乳胶漆相接节点图

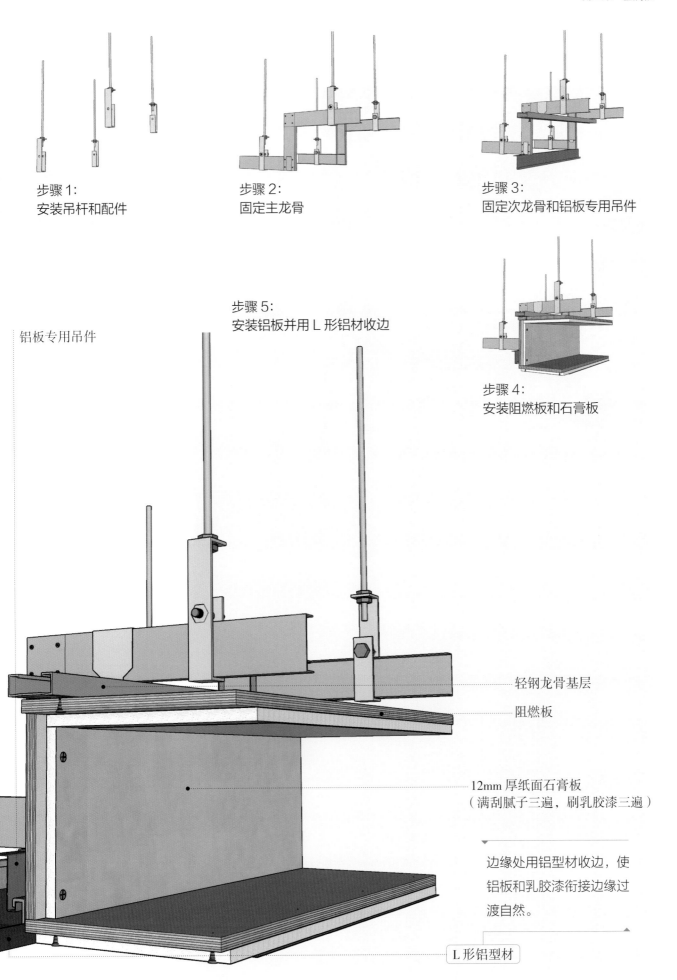

步骤 1：
安装吊杆和配件

步骤 2：
固定主龙骨

步骤 3：
固定次龙骨和铝板专用吊件

步骤 5：
安装铝板并用 L 形铝材收边

铝板专用吊件

步骤 4：
安装阻燃板和石膏板

轻钢龙骨基层

阻燃板

12mm 厚纸面石膏板
（满刮腻子三遍，刷乳胶漆三遍）

边缘处用铝型材收边，使
铝板和乳胶漆衔接边缘过
渡自然。

L 形铝型材

节点 43. 不锈钢与乳胶漆相接

施工步骤

水波纹不锈钢反射地面的物体影像并不是十分清晰，更像是水面的映射，这就使顶面上的画面带有纹理感。

不锈钢与乳胶漆在不同平面上进行相接则需要收口来保证整个顶面的平整度。通常用于有跌级的顶面上。

不锈钢

转换成节点图

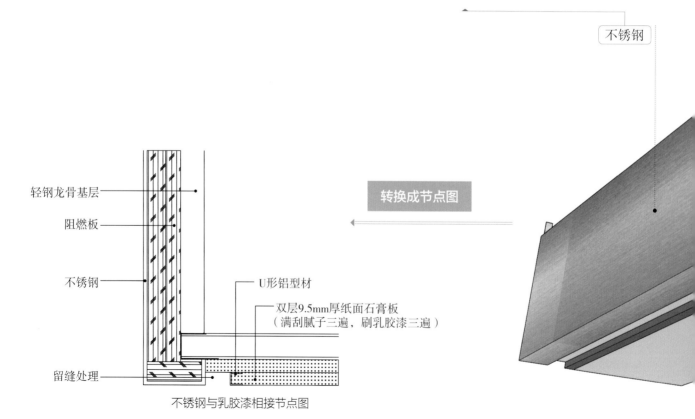

轻钢龙骨基层

阻燃板

不锈钢

U形铝型材

双层9.5mm厚纸面石膏板
（满刮腻子三遍，刷乳胶漆三遍）

留缝处理

不锈钢与乳胶漆相接节点图

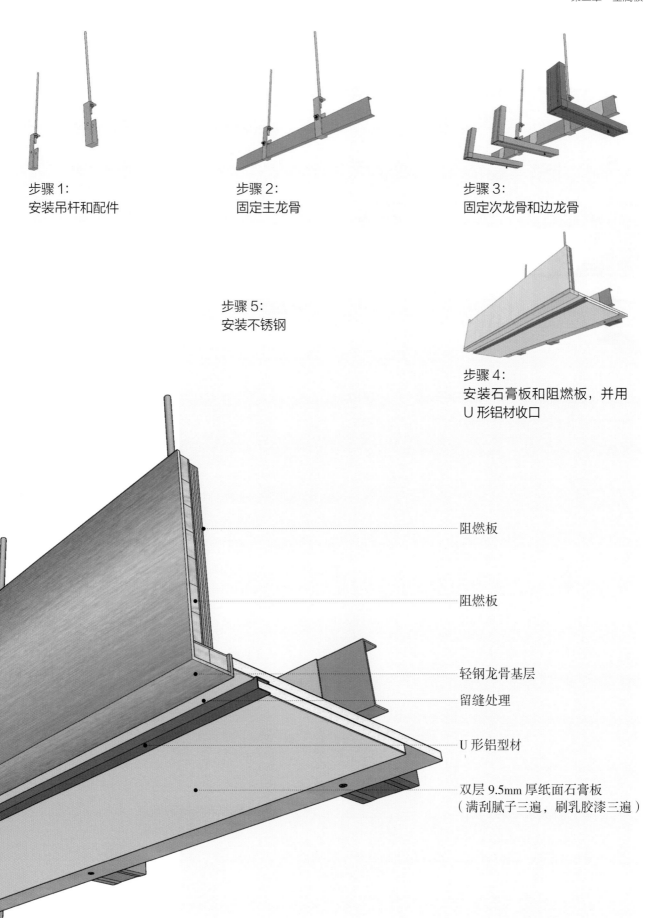

步骤 1:
安装吊杆和配件

步骤 2:
固定主龙骨

步骤 3:
固定次龙骨和边龙骨

步骤 5:
安装不锈钢

步骤 4:
安装石膏板和阻燃板，并用
U 形铝材收口

阻燃板

阻燃板

轻钢龙骨基层

留缝处理

U 形铝型材

双层 9.5mm 厚纸面石膏板
（满刮腻子三遍，刷乳胶漆三遍）

节点 44. 铝扣板与纸面石膏板相接

施工步骤

铝扣板与纸面石膏板交错拼接形成一冷一暖的对比，丰富顶面层次外，让白色系的办公空间变得不再单调。

铝扣板做顶面饰面材料并有局部跌级的情况下，在边缘位置可以选择用纸面石膏板，铝扣板的切割及安装没有纸面石膏板简单、方便。

铝扣板

转换成节点图

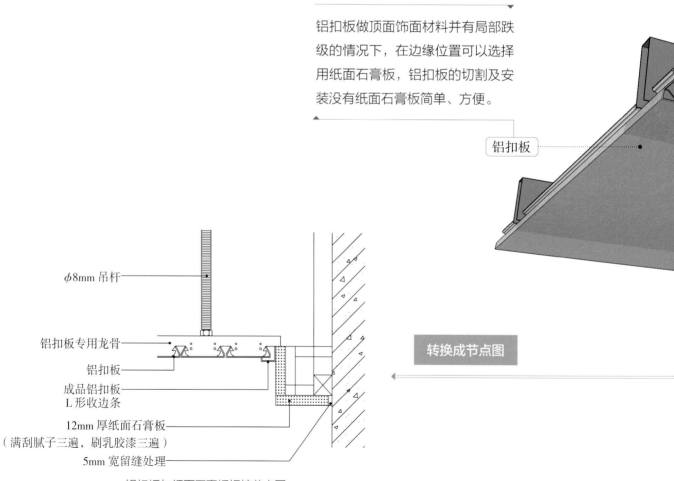

ϕ8mm 吊杆

铝扣板专用龙骨

铝扣板

成品铝扣板
L 形收边条

12mm 厚纸面石膏板
（满刮腻子三遍，刷乳胶漆三遍）

5mm 宽留缝处理

铝扣板与纸面石膏板相接节点图

步骤 1:
安装吊杆

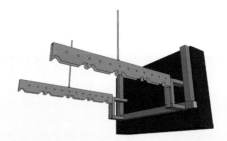

步骤 2:
固定主龙骨、边龙骨和次龙骨

步骤 4:
安装纸面石膏板

步骤 3:
安装铝扣板

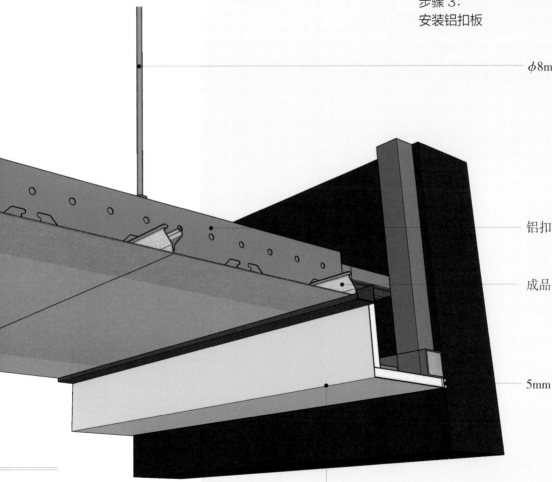

ϕ8mm 吊杆

铝扣板专用龙骨

成品铝扣板 L 形收边条

5mm 宽留缝处理

12mm 厚纸面石膏板
（满刮腻子三遍，刷乳胶漆三遍）

节点 45. 铝方通与乳胶漆相接

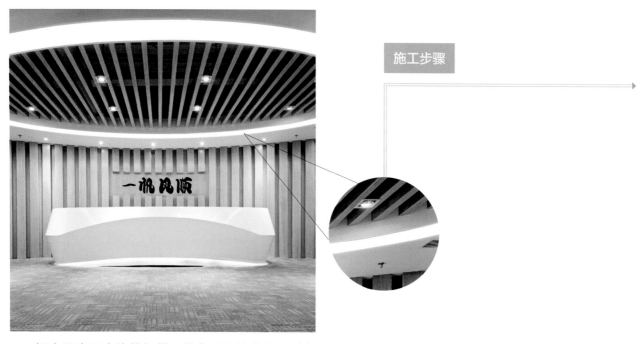

铝方通高于旁边的灯带，嵌在顶面的上方，刷木纹漆的铝格栅与前台的背景墙形成呼应，使整个空间和谐统一。

铝方通可以做与纸面石膏板不相平的设计，铝方通高于纸面石膏板会使顶面上铝方通的造型更加突出，这种造型通常用于前台、休闲区等位置。

高强度自攻螺钉

铝方通转印木纹

双层9.5mm厚纸面石膏板
（满刮腻子三遍，刷乳胶漆三遍）

铝方通与乳胶漆相接节点图

转换成节点图

步骤1:
安装吊杆

步骤2:
固定主龙骨

步骤3:
固定次龙骨

步骤4:
安装铝方通和双层石膏板

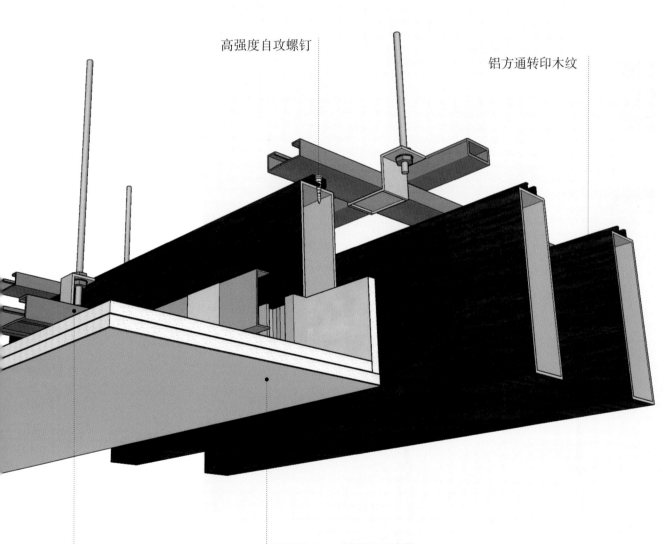

高强度自攻螺钉

铝方通转印木纹

轻钢龙骨基层

双层9.5mm厚纸面石膏板
（满刮腻子三遍，刷乳胶漆三遍）

节点 46. 铝圆通顶面

根据铝圆通间距的大小差异及色彩差异营造出不同的装饰效果。

施工步骤

金属龙骨和铝圆通表面应洁净、色泽一致，不得有翘曲、裂缝及缺损，接缝处应平整、吻合、颜色一致。

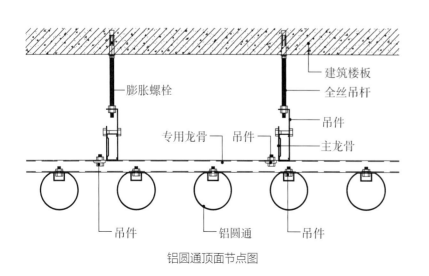

膨胀螺栓　建筑楼板　全丝吊杆　吊件　专用龙骨　吊件　主龙骨　吊件　铝圆通　吊件

转换成节点图

铝圆通顶面节点图

步骤 1：
安装吊杆和配件

步骤 2：
固定主龙骨

步骤 3：
固定次龙骨

步骤 4：
固定铝圆通并安装盖板

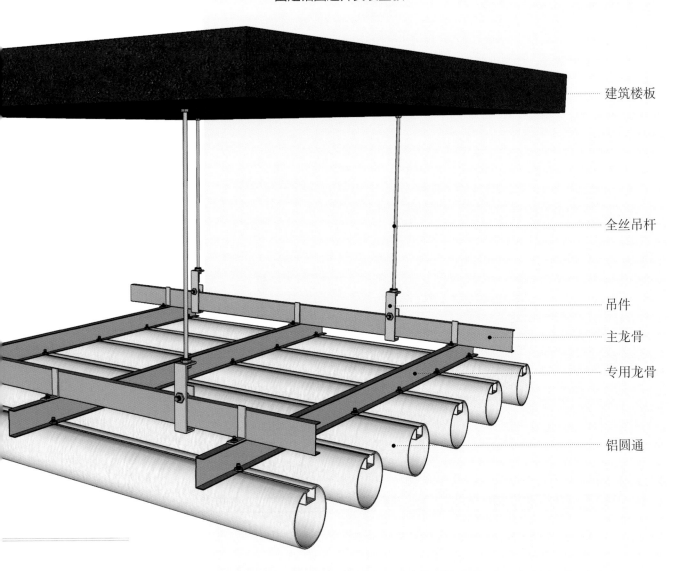

建筑楼板

全丝吊杆

吊件

主龙骨

专用龙骨

铝圆通

节点 47. 铝蜂窝复合板顶面

穿孔的铝蜂窝复合板中孔眼不等大，且呈不规则分布，光线从孔眼中透出，均匀地照亮整个房间。

施工步骤

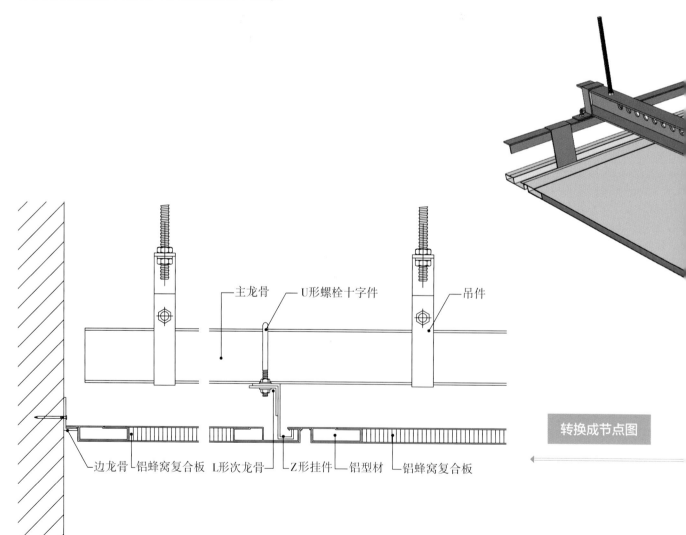

主龙骨　U形螺栓十字件　吊件

转换成节点图

边龙骨　铝蜂窝复合板　L形次龙骨　Z形挂件　铝型材　铝蜂窝复合板

铝蜂窝复合板顶面节点图

步骤 1：
安装吊杆

步骤 2：
固定主龙骨

步骤 3：
固定次龙骨和边龙骨

步骤 4：
安装铝蜂窝复合板

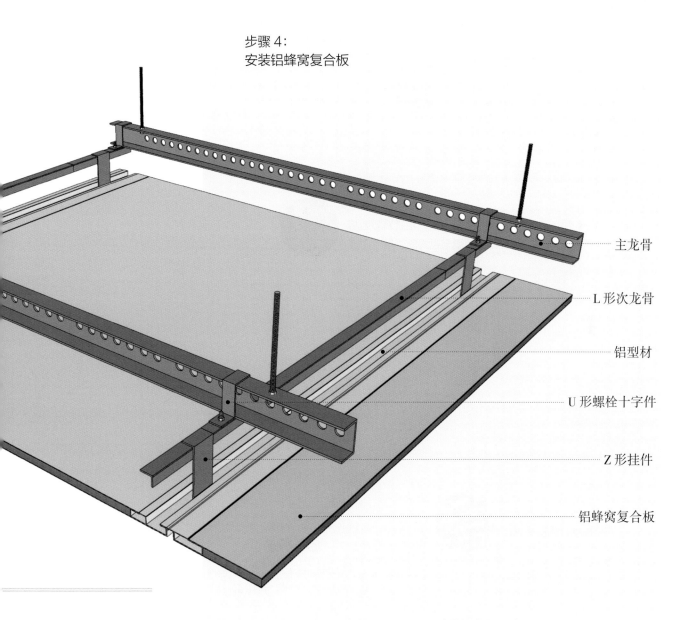

主龙骨

L 形次龙骨

铝型材

U 形螺栓十字件

Z 形挂件

铝蜂窝复合板

专题 金属板顶面设计与施工关键点

材质分类

铝单板
采用铝合金板材为基材，重量轻，安装施工方便

热镀锌钢板
表面有热浸镀或电镀锌层的焊接钢板，抗氧性好，持久耐用

镀铝锌钢板
在生产镀铝锌钢板的过程中，表面镀层为 55% 的铝锌合金

不锈钢板
指耐大气、蒸汽和水等弱介质腐蚀的钢板

铝蜂窝复合板
其由上下两层铝板通过胶黏剂或胶膜与铝蜂窝芯复合而成

金属方板选购技巧。
①优质金属方板重量轻，弹性好。劣质金属方板重全属含量高，板材重且容易折断。
②拿一块样品敲打几下，仔细倾听，声音脆的说明基材好，声音发闷说明杂质较多。

金属方板
在商业空间和家居空间的顶面中较为常见

金属板

金属格栅选购技巧。
①观察其外观是否有裂缝和气泡，再看其是否干净，避免有商家以旧翻新变卖。
②用手感觉栅格表面的喷漆是否均匀。
③检查商家的经营许可证和产品的合格证。

铝方格栅
方格形状排列的铝格栅

铝三角形格栅
三角形状排列的铝格栅

金属格栅
是一种连续的通透式装饰块，对吊顶内部设备起到隐藏作用

金属条板选购技巧。
①板面平整，无色差，涂层附着力强。
②防腐，防潮长时间不变色，涂料不脱落。
③极强的复合牢固，一般经2小时沸水试
验无黏合层破坏现象。

铝方通
通过连续辊压或冷弯成形，安装结构为专用龙骨卡扣式

金属条板
可做成密闭式吊顶，也可做成半开敞式吊顶

铝合金条板
用高品质铝材通过先进设备辊压加工成形

铝垂片
一种装饰性垂帘型吊顶天花板

条形铝扣板
长条状的铝扣板

金属网选购技巧。
①金属面板上常做穿孔处理，如果没有则吸声性能差。
②检查金属板背面有没有贴覆0.2mm厚的玻璃纤维无纺布，
如果没有则要注意产品质量。

钢质金属拉伸扩张网
使用钢质金属板经冲剪、拉伸而成的具有菱形孔眼的板状网

金属网
适用于开敞的大空间，但多为固定式板块

合金质金属拉伸扩张网
使用合金质金属板经冲剪、拉伸而成的具有菱形孔眼的板状网

不锈钢金属编织网
将不锈钢横向穿过竖向金属绳构成的网状造型

铬钢金属编织网
横向铬钢穿过竖向金属绳构成的网状造型

施工工艺

　　金属板材的节点构造会因面板的材质、板块形式、尺寸规格、构造部位的不同而变化。但是，常规情况来说，其安装做法基本有 4 大类，其中以打钉式、干挂式以及胶粘式为多见。

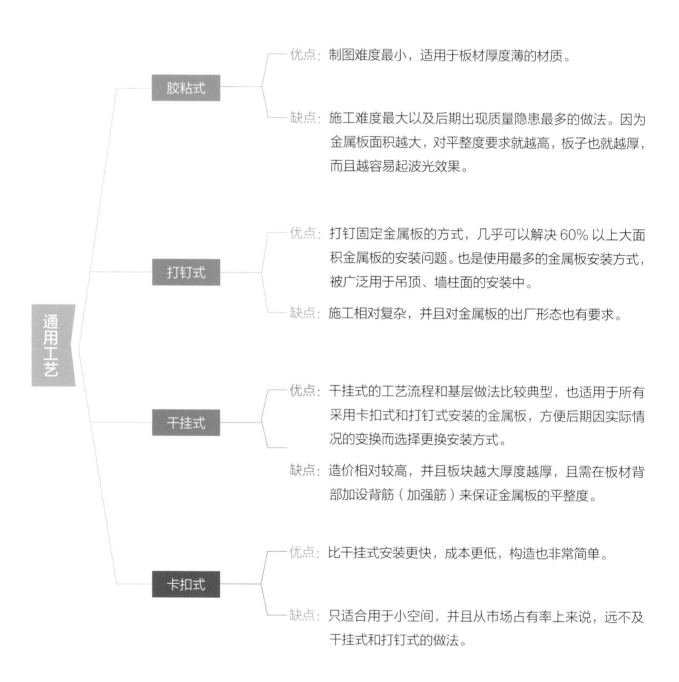

通用工艺

胶粘式
- 优点：制图难度最小，适用于板材厚度薄的材质。
- 缺点：施工难度最大以及后期出现质量隐患最多的做法。因为金属板面积越大，对平整度要求就越高，板子也就越厚，而且越容易起波光效果。

打钉式
- 优点：打钉固定金属板的方式，几乎可以解决 60% 以上大面积金属板的安装问题。也是使用最多的金属板安装方式，被广泛用于吊顶、墙柱面的安装中。
- 缺点：施工相对复杂，并且对金属板的出厂形态也有要求。

干挂式
- 优点：干挂式的工艺流程和基层做法比较典型，也适用于所有采用卡扣式和打钉式安装的金属板，方便后期因实际情况的变换而选择更换安装方式。
- 缺点：造价相对较高，并且板块越大厚度越厚，且需在板材背部加设背筋（加强筋）来保证金属板的平整度。

卡扣式
- 优点：比干挂式安装更快，成本更低，构造也非常简单。
- 缺点：只适合用于小空间，并且从市场占有率上来说，远不及干挂式和打钉式的做法。

搭配技巧

根据使用空间决定金属板样式

空间风格比较工业化，可以选择外面没有覆膜的金属板，展现出金属原本的光泽，以此增加现代感。如果室内风格比较柔和，不想使用偏冷硬的金属板，则可以选择木纹转印的金属板。

铝板吊顶与墙面石材形成呼应，突出空间的现代工业感。

顶面造型与地面呼应

在设计顶面的时候可以与下方空间的形状、颜色进行呼应，这样不仅能够隐形地分割空间，还能丰富顶面，避免空间过于单调。

将铝格栅嵌在顶面内部，但与石膏板相平，整体顶面形成了平整的空间，同时铝格栅上刷木纹漆，与地面的橙色相呼应，把前台空间与周围的休闲区做了区分。

金属吊顶更适合用在家居厨房、卫生间中

在家居空间中，厨房和卫生间因为常有水汽、油烟，所以相对石膏板吊顶更适合使用清洁方便的金属吊顶，常见的有铝单板、铝扣板等。但要注意的是，如果选择使用镂空花型的铝板，可能会出现油烟渗入镂空花里的情况，所以家居空间还是更适合平板型铝扣板，更容易清洁。

木纹转印铝条板不仅与空间风格呼应，而且不容易沾染油烟。

集成式的铝扣板吊顶能让顶面看上去更加干净、简洁，也更好清洁打理。

利用不同材料区分开敞空间

对于面积较大的开敞空间，很难用墙体或隔断对区域进行实体化的区分，此时可以考虑通过顶面的不同金属材料组合，达到对空间主次区域的划分。

铝方通吊顶下方对应的是公共区域，而金属板吊顶下方对应的是临展区域，这样整个空间既有主次区域的划分，又不会破坏整体感。

矿棉板中间的线性灯穿插且有序安装，让白色矿棉板顶面不再单调，且矿棉板和铝格栅分别处于等待区和走道两个动和静的区域，分割了两类空间。

可与灯具搭配增加顶面装饰感

金属吊顶相对其他吊顶比较难有造型上的突破，所以会显得比较单调，可以考虑使用不同造型的灯具与顶面搭配，创造出明亮又好看的顶面造型。

铝方通中间加入线性灯，不规律的分布让顶面的设计更加灵动。

铝垂片薄且质轻，线性灯穿插在其中，层次分明，让顶面富有动感。

利用材料形状拉伸空间

如果空间的层高不高，或者过于狭长，可以考虑用条形金属方板或金属方通装饰顶面，从视觉上起到拉伸空间的效果。

展厅的层高不是很高，所以条形的铝扣板有纵向拉伸空间的效果。

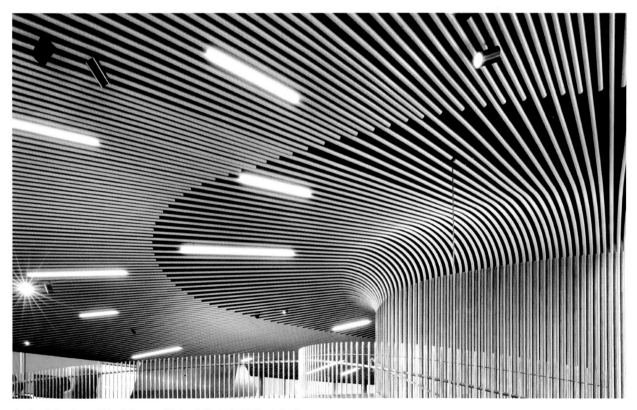

铝方通从顶面延伸到墙面，增加了整个空间的延伸感。

木饰面

　　饰面板材是指覆盖于顶面、墙体、柱面等物体或室内构件之上主要起到装饰作用的一类板材。它的纹理质感多变，改变了装饰仅能使用实木板的传统，为室内设计提供了更多的可能性。其中木饰面样式众多，可以营造自然、温暖的氛围，无论家装还是公装都经常使用。

第三章

节点 48. 木饰面顶面（干挂法）

顶面采用窄木条拼接的方式，缝隙会让空间更通透，不会过于死板。

施工步骤

木饰面顶面采用干挂法能够更好地调整顶面的平整度，同时木饰面纹理清晰，根据不同的木料，其饰面板有不同的质地或纹理。

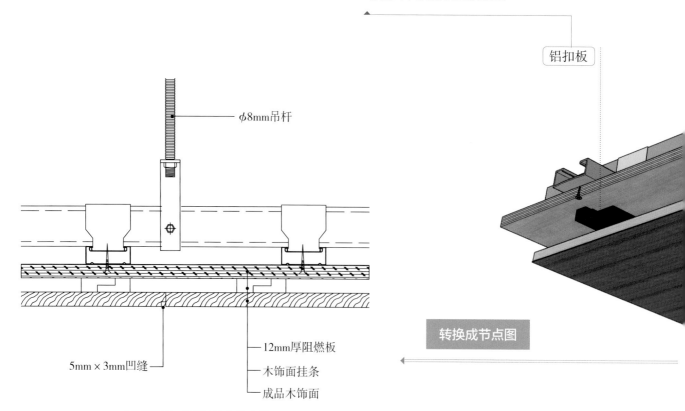

铝扣板

ϕ8mm吊杆

转换成节点图

5mm×3mm凹缝

12mm厚阻燃板

木饰面挂条

成品木饰面

木饰面顶面（干挂法）节点图

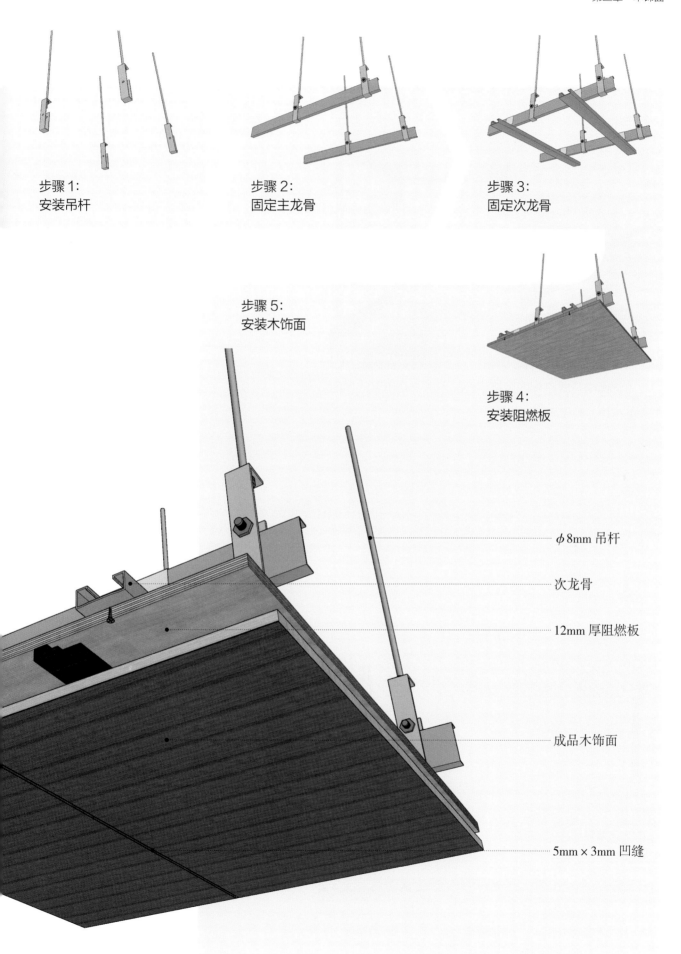

步骤 1：
安装吊杆

步骤 2：
固定主龙骨

步骤 3：
固定次龙骨

步骤 5：
安装木饰面

步骤 4：
安装阻燃板

ϕ8mm 吊杆

次龙骨

12mm 厚阻燃板

成品木饰面

5mm×3mm 凹缝

节点 49. 木饰面顶面（粘贴法）

　　木饰面与日式空间的风格相匹配，木饰面包裹的顶面与墙面相接，整体会比较和谐。

施工步骤

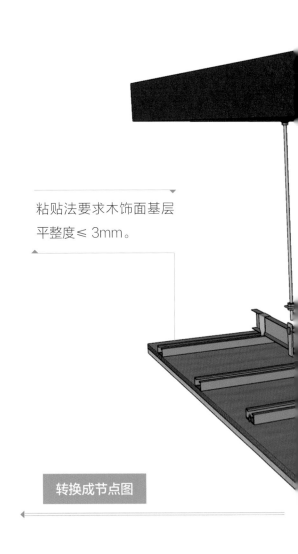

粘贴法要求木饰面基层平整度 ≤ 3mm。

转换成节点图

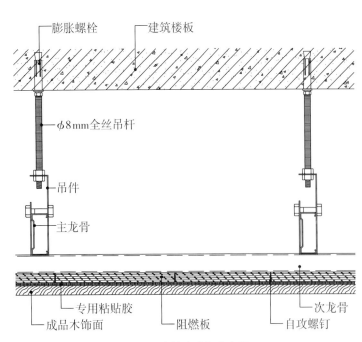

膨胀螺栓　　建筑楼板

φ8mm全丝吊杆

吊件

主龙骨

专用粘贴胶　　　　　次龙骨
成品木饰面　　阻燃板　　自攻螺钉

木饰面顶面（粘贴法）节点图

步骤 1：
安装吊杆和配件

步骤 2：
固定主龙骨

步骤 3：
固定次龙骨

步骤 4：
安装阻燃板和木饰面板

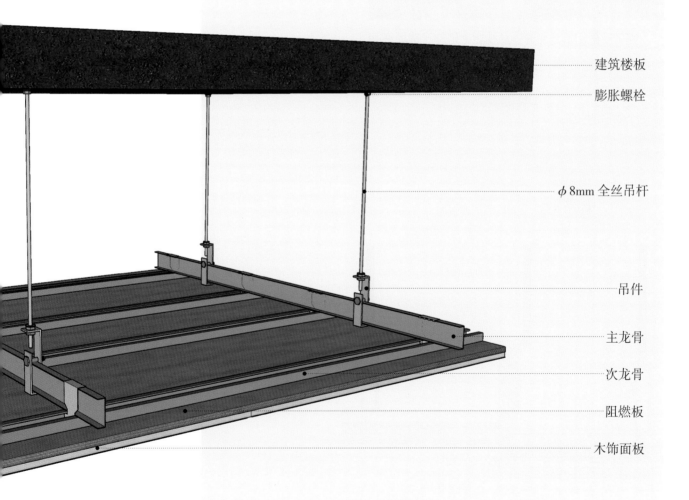

建筑楼板

膨胀螺栓

ϕ 8mm 全丝吊杆

吊件

主龙骨

次龙骨

阻燃板

木饰面板

节点 50. 木饰面与镜子相接

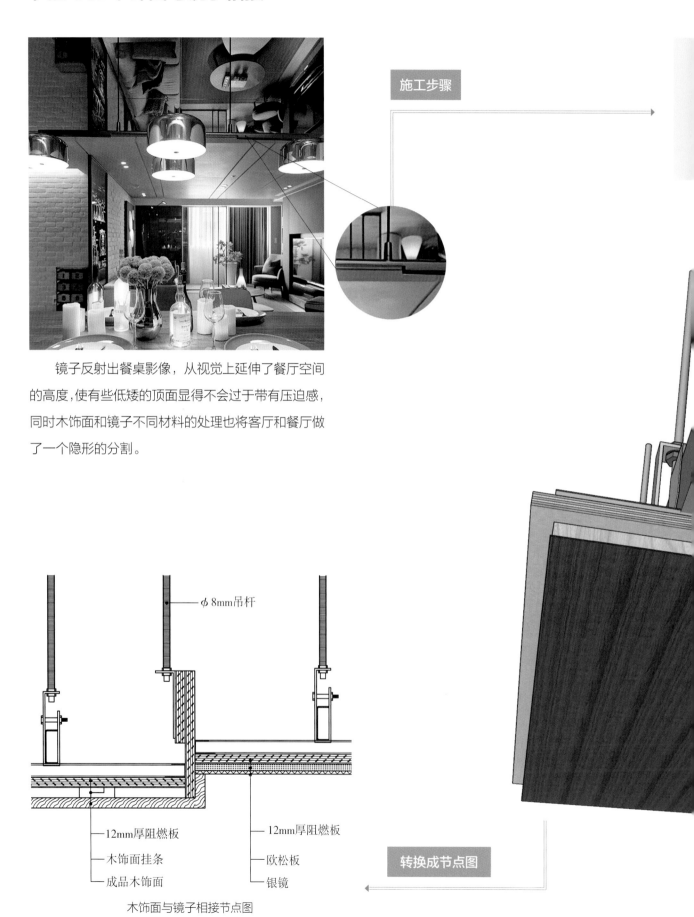

镜子反射出餐桌影像，从视觉上延伸了餐厅空间的高度，使有些低矮的顶面显得不会过于带有压迫感，同时木饰面和镜子不同材料的处理也将客厅和餐厅做了一个隐形的分割。

施工步骤

φ8mm吊杆

12mm厚阻燃板

木饰面挂条

成品木饰面

12mm厚阻燃板

欧松板

银镜

转换成节点图

木饰面与镜子相接节点图

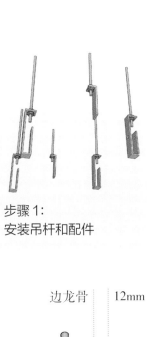

步骤 1：
安装吊杆和配件

步骤 2：
固定主龙骨

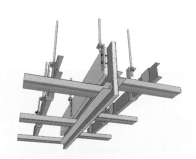

步骤 3：
固定次龙骨和边龙骨

步骤 5：
固定镜面

步骤 4：
安装阻燃板

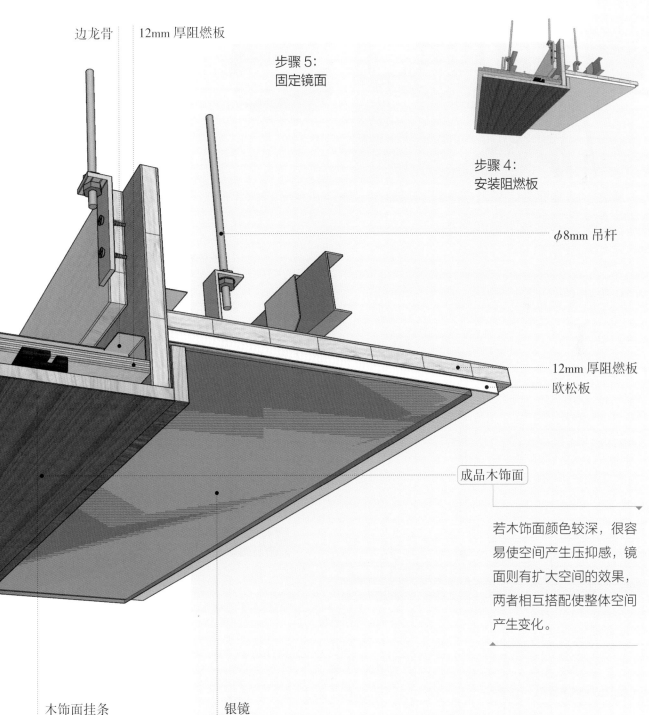

边龙骨　　12mm 厚阻燃板

ϕ8mm 吊杆

12mm 厚阻燃板

欧松板

成品木饰面

若木饰面颜色较深，很容易使空间产生压抑感，镜面则有扩大空间的效果，两者相互搭配使整体空间产生变化。

木饰面挂条　　　　　银镜

节点 51. 木饰面与茶镜相接

茶镜与木饰面同为棕色系，同时四边暗藏灯带，避免了茶镜对光源反光而造成的眩光。

施工步骤

茶色镜面不锈钢给茶镜做收边，可以与茶镜相契合，使接口处的过渡更加自然。

Z 字形茶色镜面不锈钢

转换成节点图

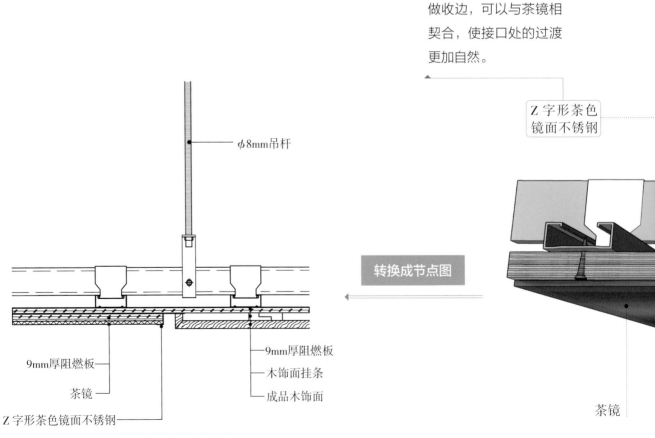

φ8mm吊杆

茶镜

9mm厚阻燃板

9mm厚阻燃板

茶镜

木饰面挂条

Z 字形茶色镜面不锈钢

成品木饰面

木饰面与茶镜相接节点图

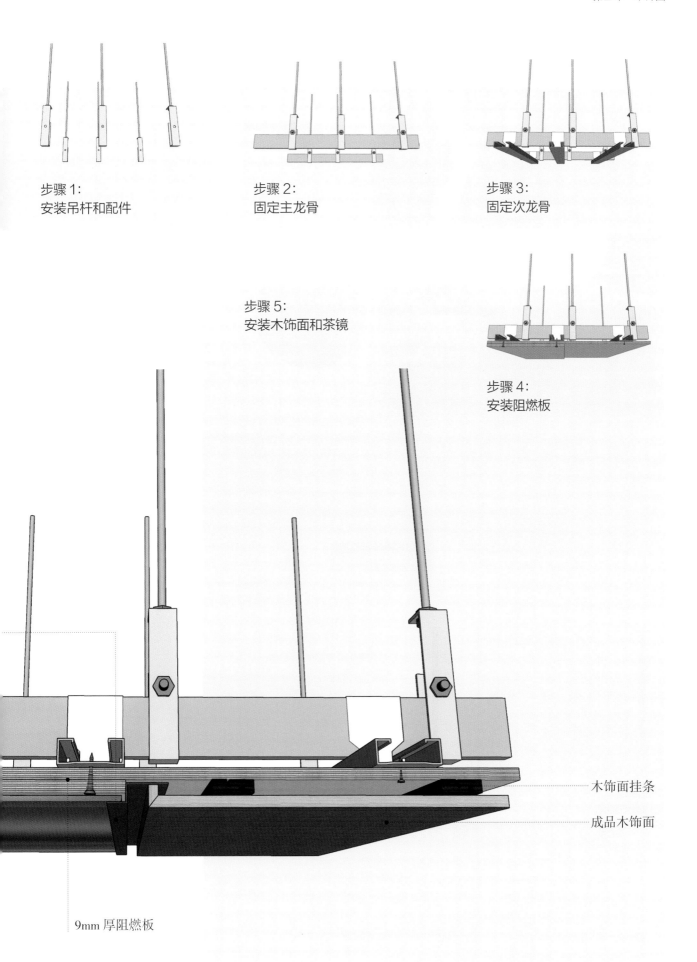

步骤 1:
安装吊杆和配件

步骤 2:
固定主龙骨

步骤 3:
固定次龙骨

步骤 5:
安装木饰面和茶镜

步骤 4:
安装阻燃板

木饰面挂条

成品木饰面

9mm 厚阻燃板

节点 52. 木饰面与钢结构圆柱相接

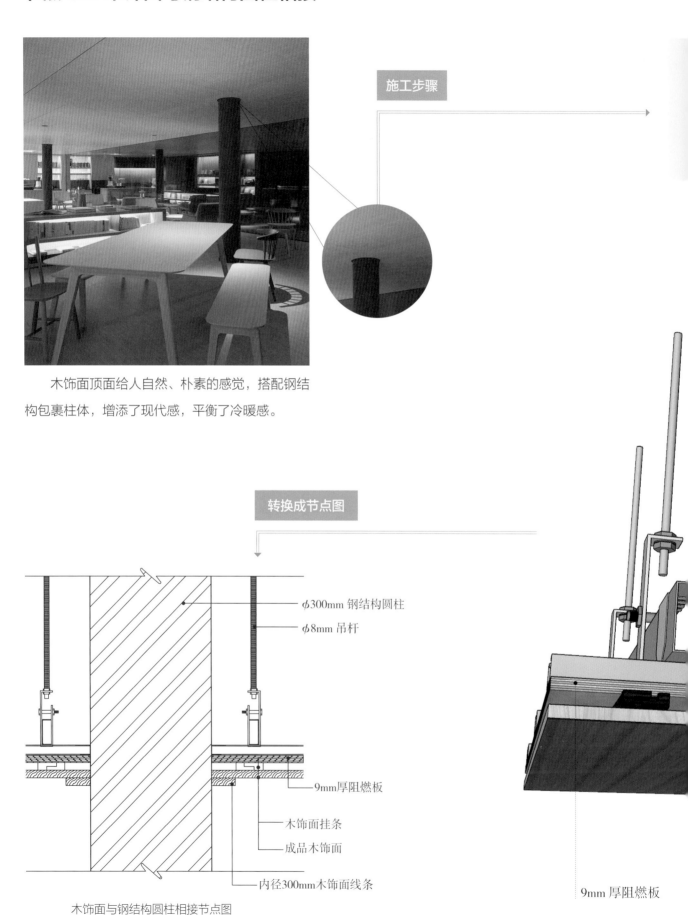

木饰面顶面给人自然、朴素的感觉，搭配钢结构包裹柱体，增添了现代感，平衡了冷暖感。

施工步骤

转换成节点图

φ300mm 钢结构圆柱

φ8mm 吊杆

9mm厚阻燃板

木饰面挂条

成品木饰面

内径300mm木饰面线条

木饰面与钢结构圆柱相接节点图

9mm 厚阻燃板

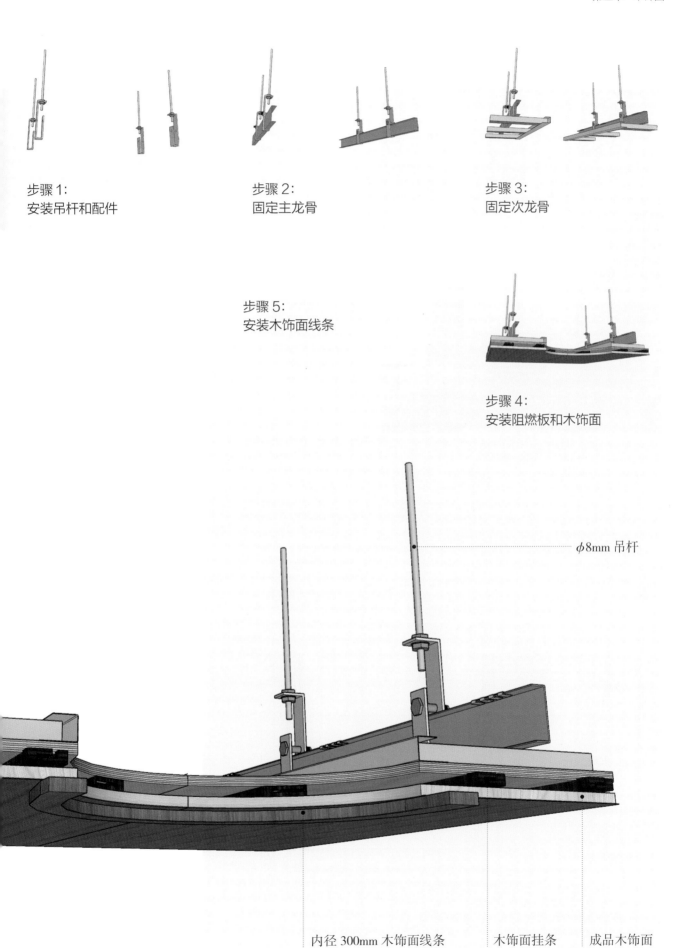

步骤 1：
安装吊杆和配件

步骤 2：
固定主龙骨

步骤 3：
固定次龙骨

步骤 5：
安装木饰面线条

步骤 4：
安装阻燃板和木饰面

ϕ8mm 吊杆

内径 300mm 木饰面线条

木饰面挂条

成品木饰面

节点 53. 木饰面与乳胶漆相接

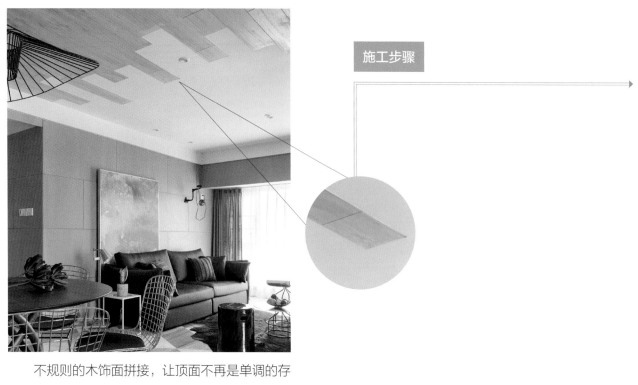

不规则的木饰面拼接，让顶面不再是单调的存在，灰色木纹饰面板与白色石膏板搭配，营造出现代个性。

施工步骤

侧面做木饰面时，要注意与石膏板留有一定的缝隙，以此来做收边，其尺寸可以根据情况来做具体的调整。

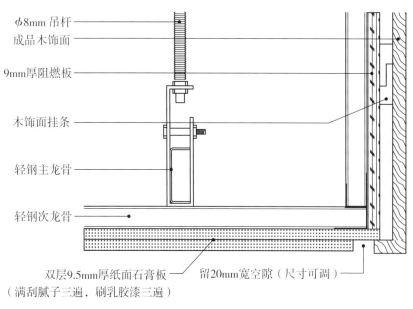

φ8mm 吊杆
成品木饰面
9mm厚阻燃板
木饰面挂条
轻钢主龙骨
轻钢次龙骨
双层9.5mm厚纸面石膏板
（满刮腻子三遍，刷乳胶漆三遍）
留20mm宽空隙（尺寸可调）

木饰面与乳胶漆相接节点图

转换成节点图

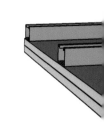

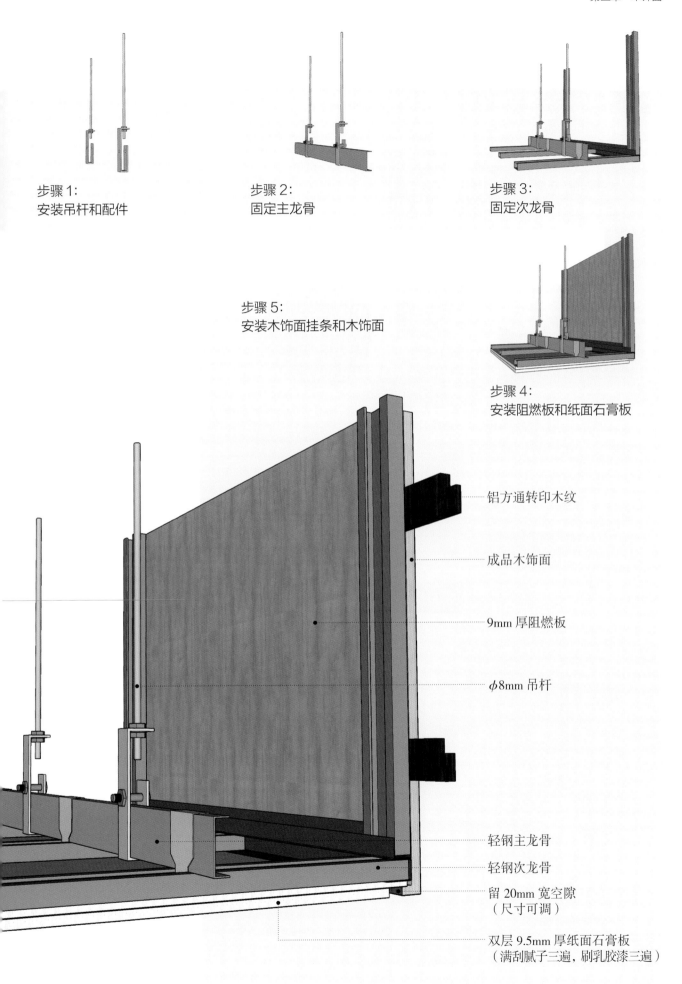

步骤 1：
安装吊杆和配件

步骤 2：
固定主龙骨

步骤 3：
固定次龙骨

步骤 5：
安装木饰面挂条和木饰面

步骤 4：
安装阻燃板和纸面石膏板

铝方通转印木纹

成品木饰面

9mm 厚阻燃板

φ8mm 吊杆

轻钢主龙骨

轻钢次龙骨

留 20mm 宽空隙
（尺寸可调）

双层 9.5mm 厚纸面石膏板
（满刮腻子三遍，刷乳胶漆三遍）

节点 54. 木饰面与铝方通相接

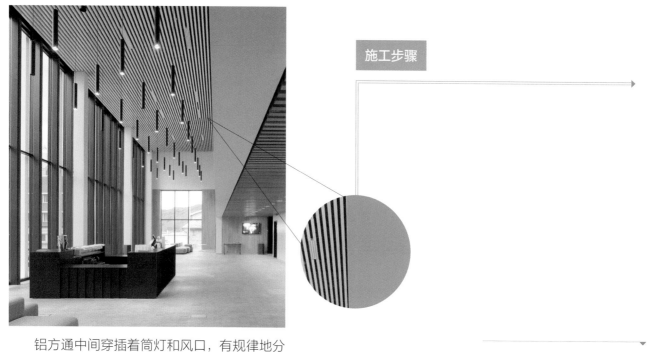

铝方通中间穿插着筒灯和风口，有规律地分布在顶面上，形成了带有节奏的韵律感。

施工步骤

铝方通表面印木纹，与木饰面纹理相契合。这种装饰形式更多用于公装空间中。

转换成节点图

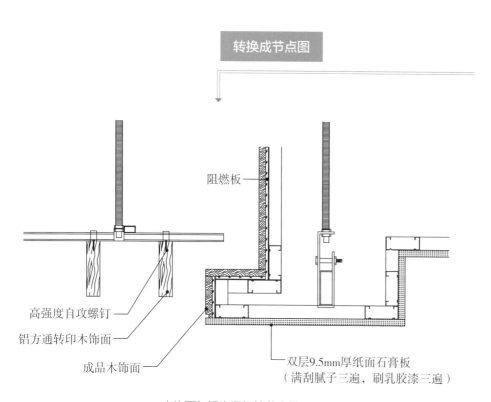

阻燃板

高强度自攻螺钉

铝方通转印木饰面

成品木饰面

双层9.5mm厚纸面石膏板
（满刮腻子三遍，刷乳胶漆三遍）

木饰面与铝方通相接节点图

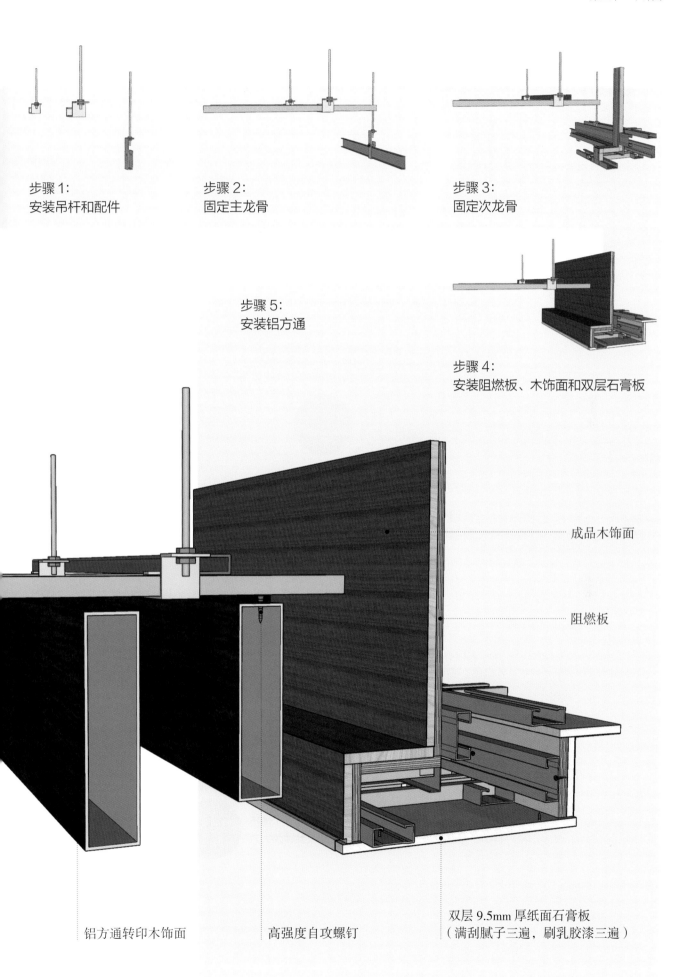

步骤 1：
安装吊杆和配件

步骤 2：
固定主龙骨

步骤 3：
固定次龙骨

步骤 5：
安装铝方通

步骤 4：
安装阻燃板、木饰面和双层石膏板

成品木饰面

阻燃板

铝方通转印木饰面

高强度自攻螺钉

双层 9.5mm 厚纸面石膏板
（满刮腻子三遍，刷乳胶漆三遍）

专题 木饰面顶面设计与施工关键点

材质分类

薄木贴面板选购技巧。

①观察贴面表皮，看贴面的厚薄程度，越厚的性能越好，油漆后实木感越真，纹理也越清晰，色泽鲜明，饱和度好。

②材质应细致均匀、色泽清晰、木色相近、木纹美观。

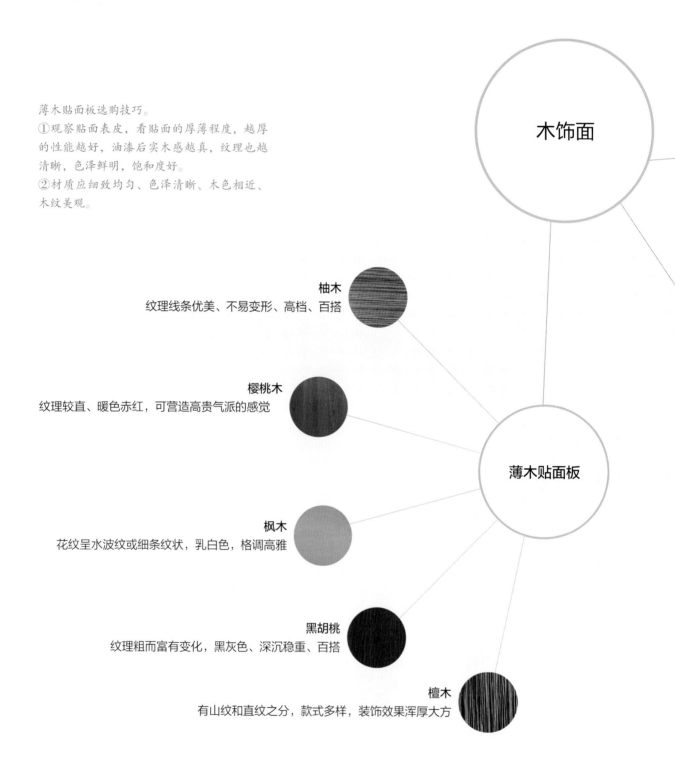

木饰面

薄木贴面板

柚木
纹理线条优美、不易变形、高档、百搭

樱桃木
纹理较直、暖色赤红，可营造高贵气派的感觉

枫木
花纹呈水波纹或细条纹状，乳白色，格调高雅

黑胡桃
纹理粗而富有变化，黑灰色、深沉稳重、百搭

檀木
有山纹和直纹之分，款式多样，装饰效果浑厚大方

木饰面树脂板选购技巧。

①表面应无明显瑕疵，其表面光洁，无毛刺沟痕和刨刀痕；应无透胶现象和板面污染现象。

②可用鼻子闻，气味越大，说明甲醛释放量越高，污染越严重，危害性越大。

科技木皮树脂板
学名重组装饰单板，是一种人造仿天然木纹饰面用木质单板

木饰面树脂板
不仅可以用于室内，也可以用于室外

天然木皮树脂板
选自天然木材，呈现出天然木质纹理的美感和多样性

染色木皮树脂板
通过再生的科技木皮，能再现大自然珍贵稀有木种

防火板选购技巧。

①选择时要注意看板面颜色是否均匀，是否有瑕疵，是否出现其他颜色等。

②选择防火板时要注意看检测报告和燃烧等级。看防火板产品有没有商标、检测报告、合格证、产品规格，防火板上面的字迹是否清晰等。

③可以通过测量薄厚度来判断好坏，正规防火板厚度为 0.6~1.2mm，贴面厚度为 0.6~1mm。

木纹贴面板
采用仿木纹色纸经过加工而成，其表面纹理可以多种多样

防火板
广泛用于室内装饰、家具、橱柜、实验室台面、外墙等领域

素色贴面板
纯色耐火板，价格相对较为便宜且实惠

金属贴面板
表面由铝合金或者其他金属复合在耐火板之上，加工工艺更加复杂

石材贴面板
精选高级石材，运用数码印刷技术，制作成 1:1 大尺寸拟真石纹耐火板

施工工艺

　　常见的木饰面板安装方式分为胶粘法和干挂法（包括木挂件法和金属挂件法），从耐久性上看，干挂法比胶粘法要好；从成本来看，胶粘法要比干挂法低；从安全性来看，两者基本没有差别，所以在国内，胶粘法是最常使用的安装方法。

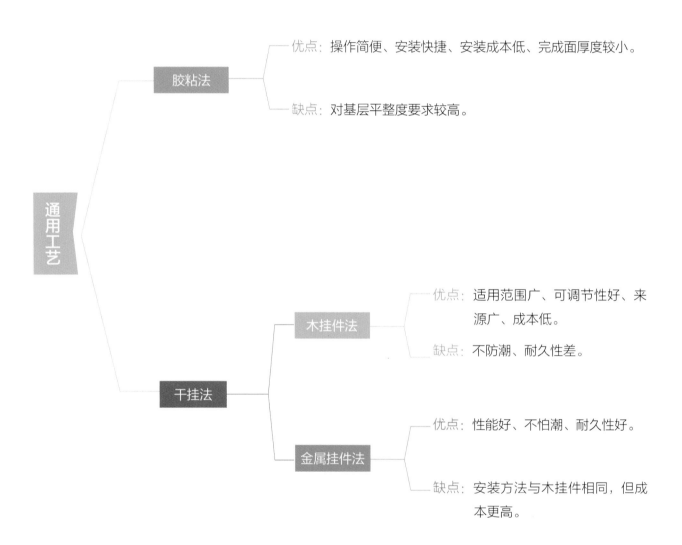

胶粘法
　优点：操作简便、安装快捷、安装成本低、完成面厚度较小。
　缺点：对基层平整度要求较高。

通用工艺

木挂件法
　优点：适用范围广、可调节性好、来源广、成本低。
　缺点：不防潮、耐久性差。

干挂法

金属挂件法
　优点：性能好、不怕潮、耐久性好。
　缺点：安装方法与木挂件相同，但成本更高。

施工工艺

搭配技巧

木饰面板的纹理也能影响氛围

一些纹理较淡的木饰面，大面积使用时很容易显得单调；而色彩较厚重的木饰面，大面积使用则容易显得过于沉闷。此时，可以适当地用一些造型或灯光来增加层次感，造型并不一定要夸张，即可以取得不错的效果，例如将其与暗藏灯结合设计。

纹理较淡的木饰面搭配悬吊石膏板吊顶与灯带，让原本素净的空间变得更加随性、有层次。

颜色纹理较深的木饰面大面积使用容易让人感到沉闷，倒不如局部穿插在顶面，既能丰富顶面层次，又能起到区分空间的作用。

与冷材质搭配中和柔和感

木饰面因为取材于木头，所以自带柔和感，如果想要中和掉这种温润、朴素的感觉，可以考虑用冷材质材料与其搭配，如镜子、玻璃等。

镜面吊顶与木饰面的搭配，不仅使空间变得开阔，而且镜面的金属感与木饰面的实木感融合，形成非常和谐的视觉效果。

半门厅的吊顶改为镜面不锈钢使其变得光亮，黑色木饰面不失现代感，与门厅氛围不仅能契合，而且能中和镜面不锈钢的冷硬感。

特殊拼接方式装饰效果突出

在拼接的处理上，可以采用这种不规则边缘的方式，让顶面整体更加具有特色，也更容易吸引人注意。

顶面采用了与地面相同的材料与拼接方式，整体感更强，也更能从视觉上强烈划分区域。

分缝拼接让空间更通透

木饰面顶面除了整面大块饰面板外，还可以采用窄木条拼接的方式，缝隙会让空间更通透，不会过于死板。

窄木条的拼接让顶面有了变化，木条间的缝隙反而让顶面看上去不会过于死板。

矿棉板

　　矿棉板一般指矿棉装饰吸声板，是以矿物纤维棉为主要原料，加适量的添加剂，经配料、成型、干燥、切割、压花、饰面等工序加工而成。矿棉板具有吸声、不燃、隔热、装饰等优越性能，广泛应用于各种室内吊顶。矿棉吸声板表面处理形式丰富，板材有较强的装饰效果。表面经过处理的滚花型矿棉板，俗称"毛毛虫"，表面布满深浅、形状、孔径各不相同的孔洞。另一种"满天星"，则表面孔径深浅不同。经过铣削成型的立体形矿棉板，表面制作成大小方块、不同宽窄条纹等形式。还有一种浮雕型矿棉板，经过压模成型，表面图案精美，有中心花、十字花、核桃纹等造型，是一种很好的装饰用吊顶型材。

第四章

节点 55. 矿棉板顶面（暗龙骨）

施工步骤

白色矿棉板与地面、墙面颜色呼应，保证空间整体的简洁感，但为了不让空间看起来过于单调，使用窄条拼接的方式，通过留缝改变顶面的单一感。

转换成节点图

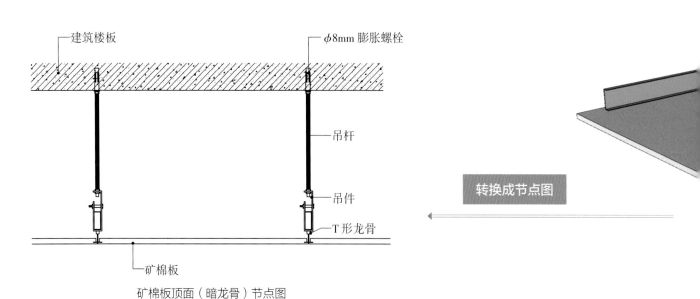

矿棉板顶面（暗龙骨）节点图

步骤 1：
安装吊杆和配件

步骤 2：
固定主龙骨

步骤 3：
固定 T 形龙骨

步骤 4：
安装矿棉板

暗龙骨的安装方式让矿棉板顶面表面缝隙较小，从下方看达到几乎无缝的效果。在矿棉板安装时要注意插片的深度，板间应连接紧密，不允许有明显的缺棱、掉角和翘曲的现象。

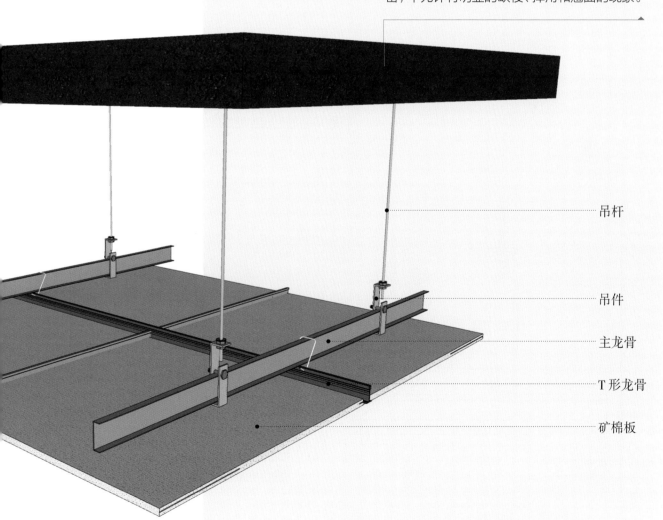

吊杆

吊件

主龙骨

T 形龙骨

矿棉板

节点 56. 矿棉板顶面（明龙骨）

矿棉板与灯具形成一体式顶面，顶面看上去非常简洁和宽敞。

施工步骤

为了达到吸音和隔音效果，往往需要降低矿棉板的密度，使其中空或冲孔，因此会降低矿棉板的强度，导致吊装的时候容易损坏。

矿棉板

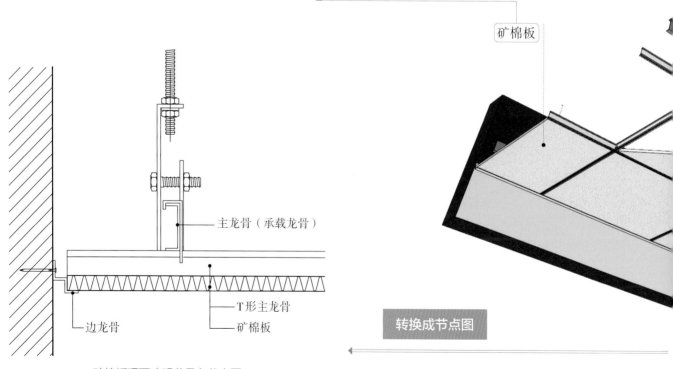

主龙骨（承载龙骨）

T形主龙骨
矿棉板

边龙骨

矿棉板顶面（明龙骨）节点图

转换成节点图

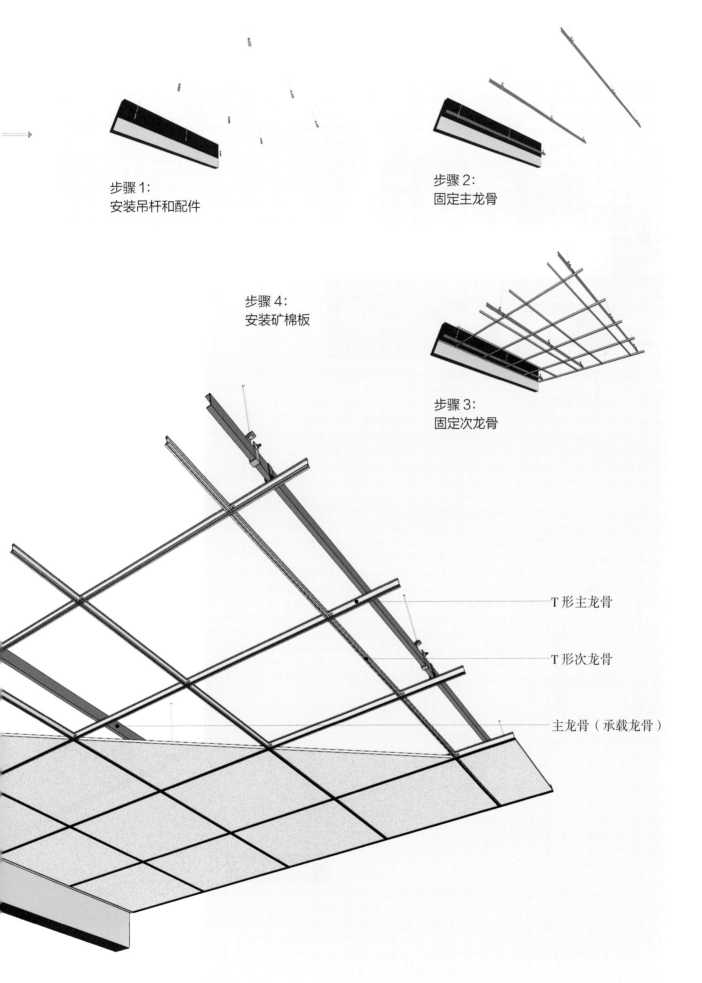

步骤 1:
安装吊杆和配件

步骤 2:
固定主龙骨

步骤 4:
安装矿棉板

步骤 3:
固定次龙骨

T 形主龙骨

T 形次龙骨

主龙骨（承载龙骨）

节点 57. 矿棉板顶面（明暗龙骨结合）

施工步骤

利用不同的施工方式让顶面产生变化，借此对空间进行分隔，又不会改变整体性。

明暗龙骨结合的方式结合了明龙骨和暗龙骨双方的优点，根据不同的需求灵活决定局部矿棉板的安装方式。

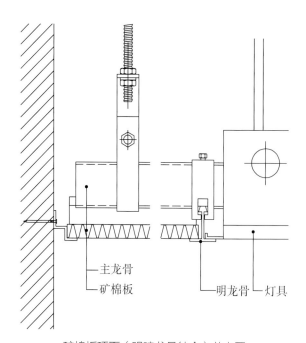

主龙骨
矿棉板
明龙骨 — 灯具

转换成节点图

矿棉板顶面（明暗龙骨结合）节点图

步骤 1：
安装吊杆和配件

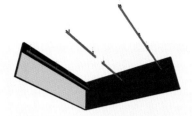

步骤 2：
固定主龙骨

步骤 3：
固定次龙骨

步骤 4：
安装矿棉板

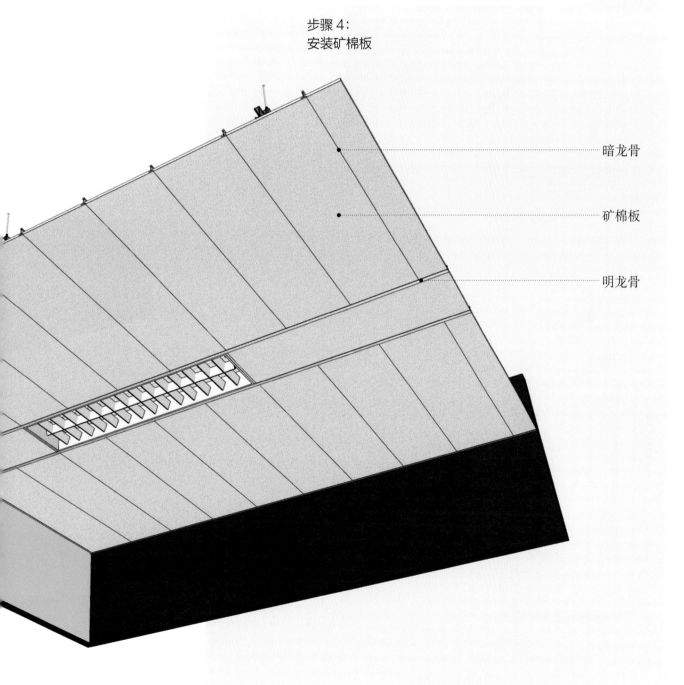

暗龙骨

矿棉板

明龙骨

节点 58. 纸面石膏板与矿棉板相接

纸面石膏板和矿棉板主色都为白色，但是形式不同，让两者相接时，白色顶面有了变化，不再是死板而又单一的造型。

施工步骤

转换成节点图

纸面石膏板与矿棉板相接节点图

建筑楼板
膨胀螺栓
吊杆
吊杆
主龙骨
吊件
吊件
T形龙骨
阻燃板
矿棉板
9.5mm厚石膏板
次龙骨

步骤 1：
安装吊杆和配件

步骤 2：
固定主龙骨

步骤 3：
固定次龙骨

步骤 4：
安装石膏板和矿棉板

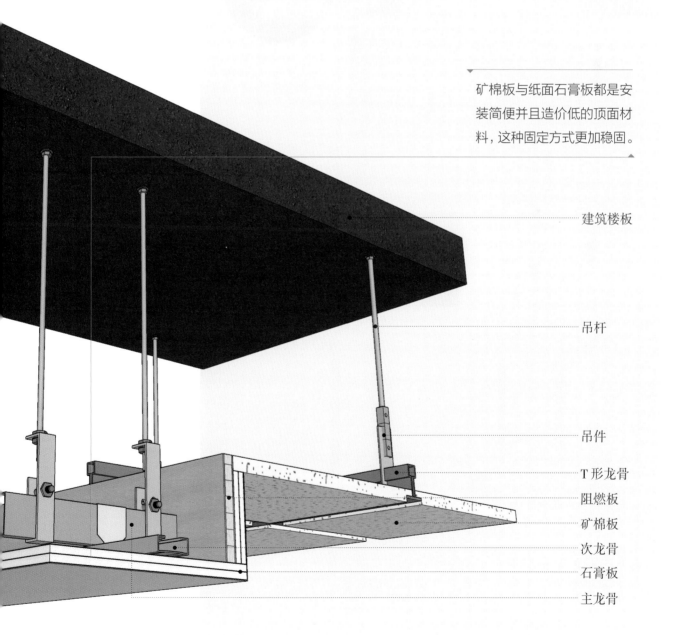

矿棉板与纸面石膏板都是安装简便并且造价低的顶面材料，这种固定方式更加稳固。

建筑楼板

吊杆

吊件

T 形龙骨

阻燃板

矿棉板

次龙骨

石膏板

主龙骨

节点 59. 铝格栅与矿棉板相接

施工步骤

黑色格栅与白色矿棉板搭配，很有简约的现代感，黑色格栅让白色的空间变得丰富起来，而不是非常单调。

转换成节点图

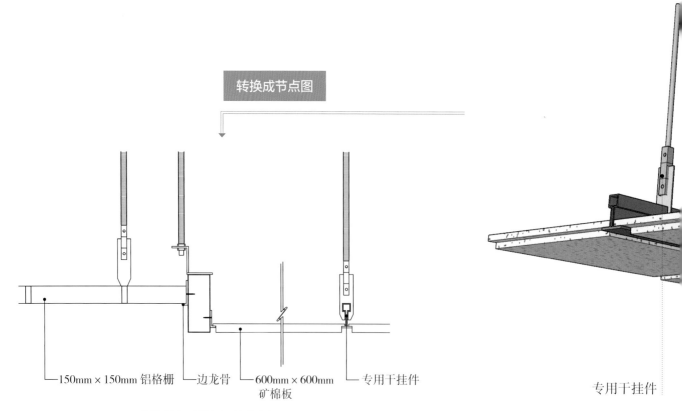

—150mm×150mm 铝格栅　—边龙骨　—600mm×600mm 矿棉板　—专用干挂件

铝格栅与矿棉板相接节点图

专用干挂件

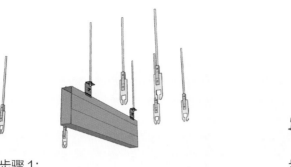

步骤 1:
安装吊杆和配件

步骤 2:
固定主龙骨

步骤 3:
安装矿棉板和铝格栅

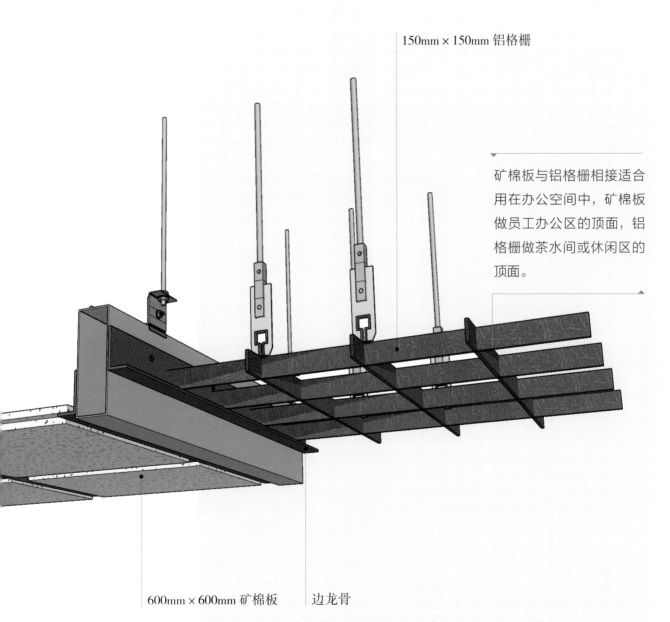

150mm×150mm 铝格栅

矿棉板与铝格栅相接适合用在办公空间中,矿棉板做员工办公区的顶面,铝格栅做茶水间或休闲区的顶面。

600mm×600mm 矿棉板　　边龙骨

专题 矿棉板顶面设计与施工关键点

材质分类

毛毛虫孔矿棉板

最常见的花纹，吸音效果好，开放型的表面处理
方式，因其形状类似毛毛虫而得此名称

针孔花纹矿棉板

表面排布密集的针孔，增加矿棉板的吸音能力，
也让矿棉板更美观

喷砂矿棉板

在矿棉板表面喷涂一层密集的砂状颗粒，不仅美观，
而且提高矿棉板的防潮能力

条形花纹矿棉板

经过铣削成型的立体型矿棉板，表面制作成大小方块、
不同宽窄条纹等形式

浮雕立体矿棉板

经过压模成型，表面图案精美，有中心花、十字花、核桃
纹等造型

按表面处理
分类
广泛应用于各
种室内吊顶

矿棉板选购技巧。
①首先看防潮等级，不达标的产品未来会有
塌陷的可能。
②注意环保性，不能含有石棉等有害物质。

矿棉板

平板

板子四周边缘形状是平整的

跌级板

跌级板又分为宽边跌级板和窄边跌级板

按边角处理
分类
被广泛应用的
顶面材料

暗架板

暗架板分为可开启暗架板和不可开启暗架板

施工要点

安装矿棉板的工艺流程为基层清理→弹线→安装吊杆→安装主龙骨→安装次龙骨→安装边龙骨→隐蔽检查→安装矿棉板→施工验收。

施工要点

弹线 ➤ 根据吊顶设计标高弹吊顶线作为安装的标准线。

安装吊杆 ➤ 根据施工图纸要求确定吊杆的位置，安装吊杆预埋件（角铁），刷防锈漆。吊杆采用直径为 8mm 的钢筋制作，吊点间距为 900~1200mm。安装时上端与预埋件焊接，下端套丝后与吊件连接。安装完毕的吊杆端头外露长度不小于 3mm。

安装主龙骨 ➤ 一般采用 C38 龙骨，吊顶主龙骨间距为 900~1200mm。安装主龙骨时，应将主龙骨吊挂件连接在主龙骨上，拧紧螺母，并根据要求吊顶起拱 1/200，随时检查龙骨的平整度。房间内主龙骨沿灯具的长方向排布，注意避开灯具位置；走廊内主龙骨沿走廊短方向排布。

安装次龙骨 ➤ 配套次龙骨选用烤漆丨形龙骨，间距与板横向规格同，将次龙骨通过挂件吊挂在大龙骨上。

安装边龙骨 ➤ 采用 L 形边龙骨，与墙体用塑料胀管自攻螺钉固定，固定间距 200mm。

隐蔽检查 ➤ 在水电安装、试水、打压完毕后，应对龙骨进行隐蔽检查，合格后方可进行下道工序。

安装饰面板 ➤ 矿棉板选用认可的规格形式，明龙骨矿棉板直接搭在 T 形烤漆龙骨上即可。随安板随安配套的小龙骨，安装时操作工人须戴白手套，以防止污染。

▨ 搭配技巧

采用不同施工手法

明暗龙骨结合的方式结合了明龙骨和暗龙骨双方的优点，根据不同的需求灵活决定局部矿棉板的安装方式。相比单一的安装方法，视觉上能让顶面更有变化感，为整个空间增加装饰效果。

悬浮的矿棉板采用明龙骨施工手法，缓解了过高层高带来的空旷感，同时也丰富了顶面的层次。

办公区域使用明龙骨施工法安装矿棉板，其他区域则是裸露的顶面，视觉上可以起到划分区域的作用。

异形造型增加视觉焦点

在使用矿棉板时，不再局限于平板造型，可以尝试使用异形造型，比如圆形等，搭配使用，可以让顶面更有视觉冲击力，又不会破坏整体感。

异形的矿棉板让顶面也成为视觉焦点之一，让整个空间整体看上去非常有格调。

圆边矿棉板带着柔和的线条，与地面的弧形扶手座椅呼应，也与柔和、舒适的室内氛围呼应。

搭对材料才能强化风格特征

矿棉板的种类较多，所以在使用时，可以搭配具有明显风格倾向的其他材料来强化风格特征，若想强化现代感，可以选择常见花纹的款式，搭配金属或玻璃等材料；若想增加复古感，可以选择浮雕矿棉板等。

金属与矿棉板的搭配，让顶面充满了层次感与现代感，这与空间的氛围也十分符合。

不同色彩对比呈现出丰富的顶面层次

使用不同色彩的矿棉板搭配，不仅可以让顶面有了变化，而且也有区分空间的作用。这样的组合不会破坏顶面的整体感，反而呈现出简洁、个性的氛围。

黑白两色的矿棉板分别装设在不同的区域上方，视觉上起到了划分区域的作用。

质感对比搭配

空间中的顶面或墙面材料可以是多样的，多种顶面和多种风格能够丰富空间饰面层次，但是在应用时更要注意避免使用材料过多，以至于造成空间装饰层次显得过于混乱的情况。

虽然顶面都是相同颜色的材料，但因为表面图案的不同，也形成了对比感。同时，因为都是白色，所以并不会给人非常突兀的感觉。

因为底部空间装饰较简洁，所以顶面使用了木饰面与矿棉板分割顶面，为空间增添个性。

玻璃

　　玻璃是非晶无机非金属材料，一般以多种无机矿物为主要原料，广泛应用于建筑物，用来隔风透光。玻璃中混入某些金属的氧化物或者盐类就会显现出颜色，更加美观。玻璃的通透感很好，无污染，时尚性强，造型丰富，应用广泛，成本低廉。若模具成型尺寸精确，则可以制造轻薄型产品，而且颜色丰富多变，工艺精美。但是易碎，不易制造厚重产品，表面不容易打理，容易有水渍和污渍。

第五章

节点 60. 玻璃挡烟垂壁

玻璃挡烟垂壁自带通透感，与整洁的白色纸面石膏板吊顶搭配，呈现出简洁、干净的天花效果。

施工步骤

建筑楼板

主龙骨

双层 9.5mm 厚石膏板

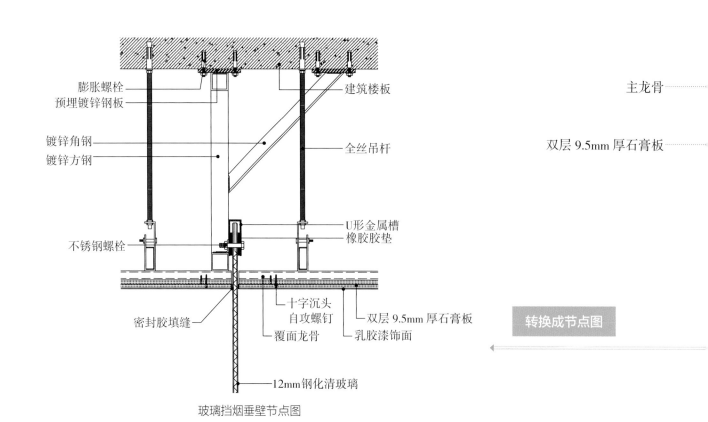

膨胀螺栓
预埋镀锌钢板

建筑楼板

镀锌角钢
镀锌方钢

全丝吊杆

不锈钢螺栓

U形金属槽
橡胶胶垫

密封胶填缝

十字沉头
自攻螺钉

双层 9.5mm 厚石膏板
乳胶漆饰面

覆面龙骨

12mm 钢化清玻璃

玻璃挡烟垂壁节点图

转换成节点图

156

步骤 1：
固定镀锌角钢和镀锌方钢，
安装吊杆和配件

步骤 2：
固定主龙骨

步骤 3：
固定次龙骨

步骤 5：
安装玻璃

步骤 4：
安装双层石膏板

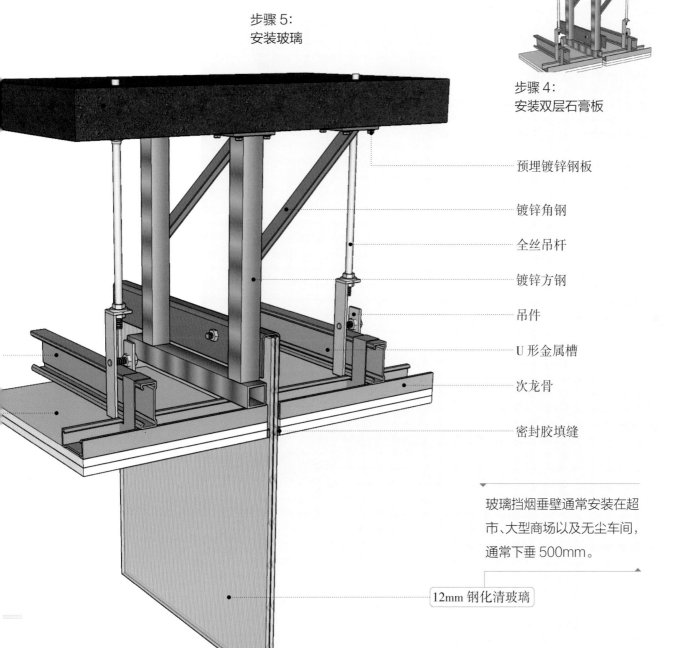

预埋镀锌钢板

镀锌角钢

全丝吊杆

镀锌方钢

吊件

U 形金属槽

次龙骨

密封胶填缝

玻璃挡烟垂壁通常安装在超
市、大型商场以及无尘车间，
通常下垂 500mm。

12mm 钢化清玻璃

节点 61. 玻璃隔断与铝板相接

　　玻璃模糊整体空间的边界感，使空间显得不那么拥挤。

施工步骤

橡胶垫和填充剂是良好的填充材料，能够稳定玻璃隔断，防止玻璃隔断移动。

10mm 厚橡胶垫

转换成节点图

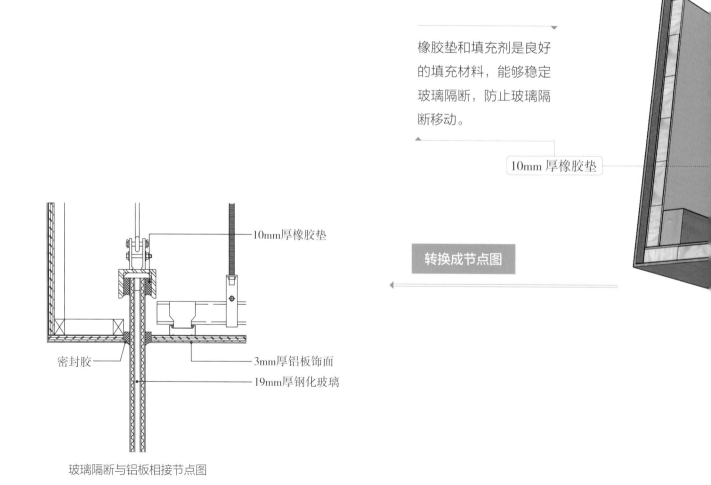

10mm厚橡胶垫

密封胶

3mm厚铝板饰面

19mm厚钢化玻璃

玻璃隔断与铝板相接节点图

步骤1:
安装锚固件

步骤2:
安装吊杆和配件

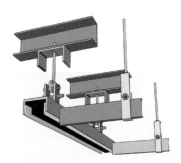

步骤3:
固定主龙骨

步骤5:
安装玻璃隔断和密封胶密封

步骤4:
固定次龙骨和安装阻燃板做基层

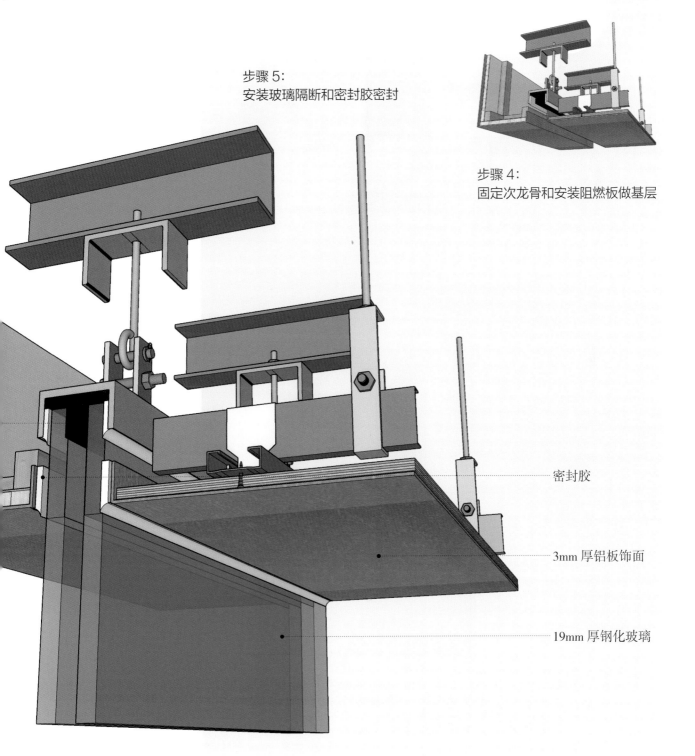

密封胶

3mm 厚铝板饰面

19mm 厚钢化玻璃

节点 62. 玻璃与纸面石膏板面饰乳胶漆相接

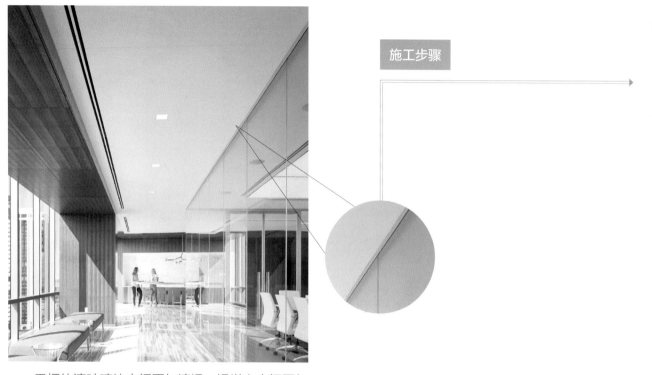

无框的清玻璃让空间更加清透，视觉上空间更加宽阔。

施工步骤

转换成节点图

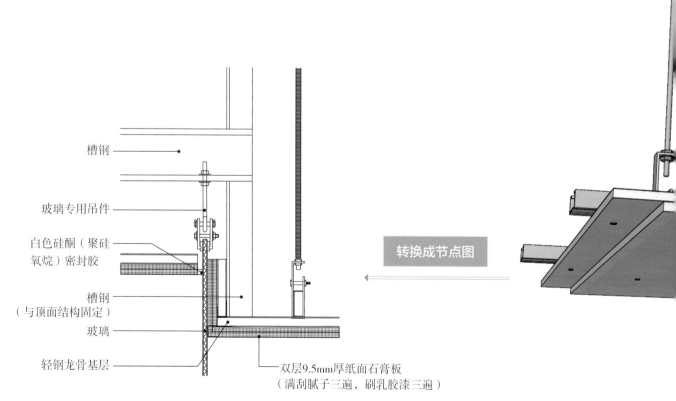

槽钢

玻璃专用吊件

白色硅酮（聚硅氧烷）密封胶

槽钢
（与顶面结构固定）

玻璃

轻钢龙骨基层

双层9.5mm厚纸面石膏板
（满刮腻子三遍，刷乳胶漆三遍）

玻璃与纸面石膏板面饰乳胶漆相接节点图

步骤 1：
制作基层，安装吊杆和配件

步骤 2：
固定主龙骨

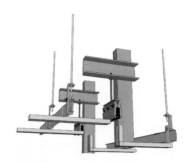

步骤 3：
固定次龙骨

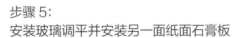

步骤 5：
安装玻璃调平并安装另一面纸面石膏板

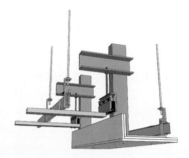

步骤 4：
安装 L 形纸面石膏板

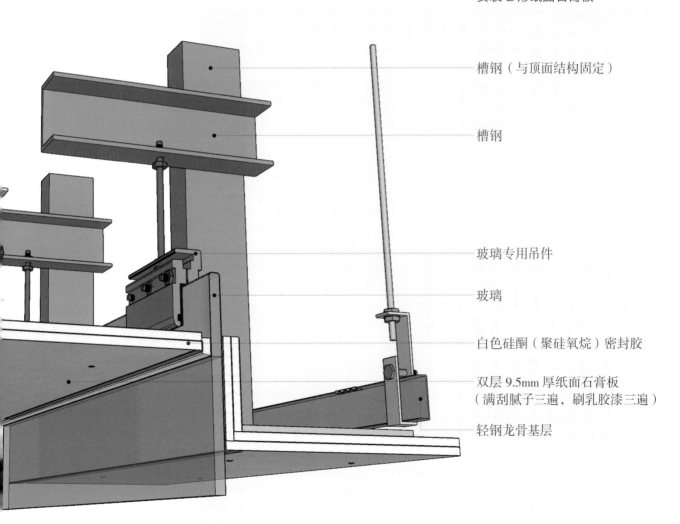

槽钢（与顶面结构固定）

槽钢

玻璃专用吊件

玻璃

白色硅酮（聚硅氧烷）密封胶

双层 9.5mm 厚纸面石膏板
（满刮腻子三遍，刷乳胶漆三遍）

轻钢龙骨基层

节点 63. 纸面石膏板与玻璃隔断相接

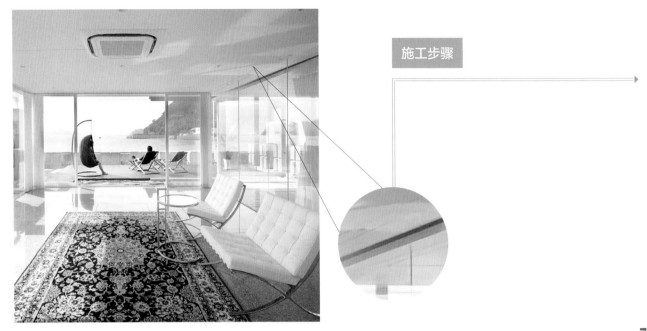

施工步骤

玻璃隔断减少了空间的封闭感，使整个休息区更加通透，采光更好。

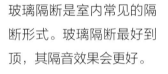

玻璃隔断是室内常见的隔断形式。玻璃隔断最好到顶，其隔音效果会更好。

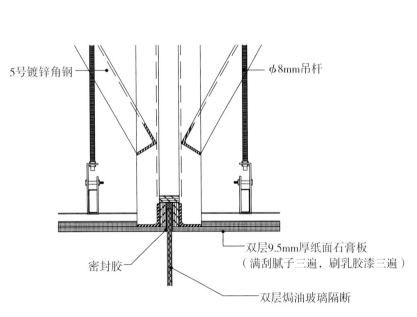

5号镀锌角钢

φ8mm吊杆

密封胶

双层9.5mm厚纸面石膏板
（满刮腻子三遍，刷乳胶漆三遍）

双层焗油玻璃隔断

纸面石膏板与玻璃隔断相接节点图

转换成节点图

步骤 1：
安装角钢

步骤 2：
安装吊杆和配件

步骤 3：
固定主龙骨

步骤 5：
安装玻璃隔断和双层石膏板

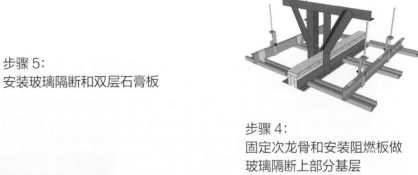

步骤 4：
固定次龙骨和安装阻燃板做
玻璃隔断上部分基层

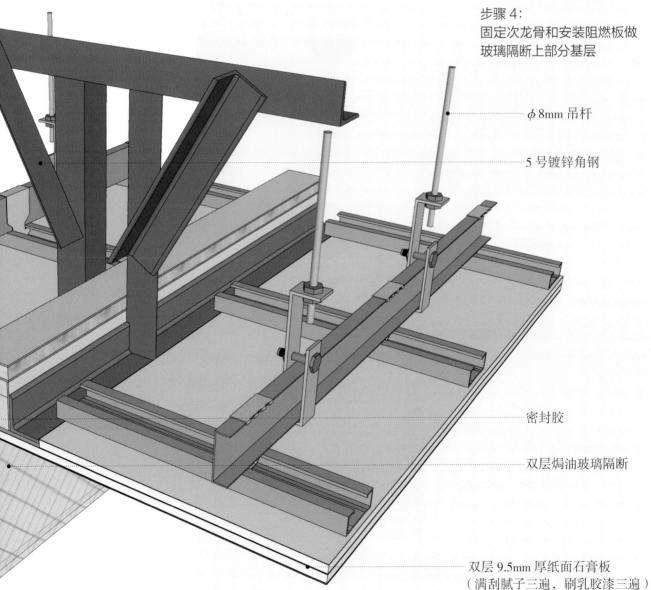

ϕ 8mm 吊杆

5 号镀锌角钢

密封胶

双层焗油玻璃隔断

双层 9.5mm 厚纸面石膏板
（满刮腻子三遍，刷乳胶漆三遍）

专题 玻璃顶面设计与施工关键点

材质分类

镜面玻璃选购技巧。
①看是否有 3C 认证、企业信息、产品证书编号等。
②从侧面观察玻璃的厚度，薄厚应均匀，尺寸应规范。
③尽量选择历史比较悠久的大品牌的产品，质量较有保证。

超白镜

银白色，反射效果最强，可大面积使用，适合多种风格

黑镜

黑色，适合局部使用，适合现代、简约风格的室内空间

灰镜

灰色，即使大面积使用也不会过于沉闷，适合现代、简约风格的室内空间

茶镜

茶色，适合搭配木纹饰面板使用，可用于多种风格的室内空间中

色镜

此类镜面玻璃包含的色彩较多，反射效果较弱，适合局部使用，适合多种风格

镜面玻璃

不仅可以用于顶面，还可以用于墙面

玻璃

实色系列

色彩最为丰富的一个系列，颜色可任意进行调配

金属系列

带有金属般的质感，有金色、银色、古铜色以及其他金属色

半透明系列

可实现半透明、模糊效果，适合用来制作玻璃门或隔断

珠光系列

制作过程中加入了珠光材质，能展示出珠宝高贵而柔和的效果

聚晶系列

制作玻璃时加入了聚光晶片，具有浓郁的华丽感

套色系列

玻璃的类型和色彩可根据需要进行定制，可配合以上所有系列的产品来表现效果

烤漆玻璃

可用于装饰墙面、台面、楼梯围栏、柱面、天花、家具柜门等位置

烤漆玻璃选购技巧。
①从正面看色彩应纯正、均匀，亮度佳、无明显色斑，背面的漆膜应光滑，没有颗粒或很少有明显的颗粒。
②仔细观察玻璃中有无气泡、结石和波筋、划痕等明显缺陷。

彩釉玻璃选购技巧。
①尽量选择历史比较悠久的大品牌的产品，质量较有保证。
②带有图案的玻璃，应查看图案的印刷或制作是否清晰，上色是
否均匀、有无缺色少色的地方，有无过多的砂眼、颗粒等问题，
尤其是大面积的图案，有缺陷会显得不够精致。

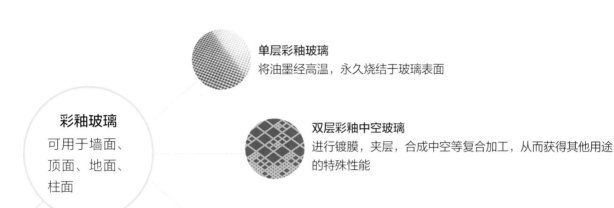

彩釉玻璃
可用于墙面、
顶面、地面、
柱面

单层彩釉玻璃
将油墨经高温，永久烧结于玻璃表面

双层彩釉中空玻璃
进行镀膜，夹层，合成中空等复合加工，从而获得其他用途
的特殊性能

数码彩釉玻璃
通过玻璃数码陶瓷打印技术，摒除机械的网版套印方式，将无机
高温油墨直接打印在玻璃上

施工工艺

常见的装饰玻璃安装方式分为胶粘法、干挂法、点挂法和压边法4种类型，其中适合用于顶面
安装的工艺只有干挂法、点挂法和压边法。

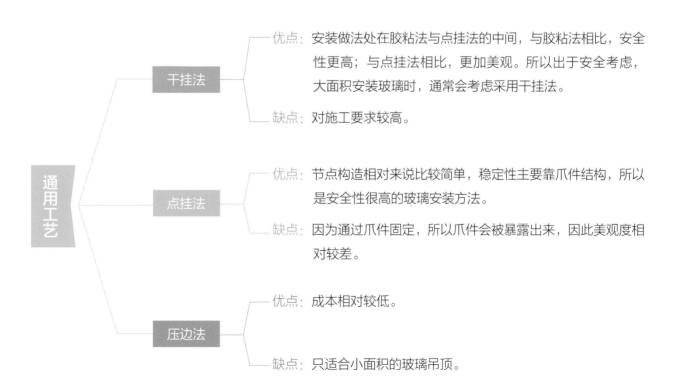

通用工艺

干挂法
优点：安装做法处在胶粘法与点挂法的中间，与胶粘法相比，安全
性更高；与点挂法相比，更加美观。所以出于安全考虑，
大面积安装玻璃时，通常会考虑采用干挂法。
缺点：对施工要求较高。

点挂法
优点：节点构造相对来说比较简单，稳定性主要靠爪件结构，所以
是安全性很高的玻璃安装方法。
缺点：因为通过爪件固定，所以爪件会被暴露出来，因此美观度相
对较差。

压边法
优点：成本相对较低。
缺点：只适合小面积的玻璃吊顶。

搭配技巧

部分装饰玻璃可扩大空间感

反射较强的装饰玻璃，可以模糊空间的虚实界限，具有扩大空间感的作用。在家居空间中，客厅、餐厅可以大面积地使用。特别是一些光线不足、房间低矮或者梁柱较多且无法砸除的户型，使用此类建材，可以加强视觉的纵深，制造宽敞的效果。

吧台正上方的镜面不锈钢吊顶不仅反射了室内的景象，还模糊了吊顶自身的物理边界，让空间层高从视觉上往上延伸。

隐秘空间的黑色镜面吊顶通过暗色的反射光创造了舒适的氛围。

通过镜面反射室内墙地面图景

镜面玻璃不仅可以反射光线，而且可以感受不同时段光线的变化。另外还能反射墙地面的图案与材质，将图案延伸到顶面，增加美感与乐趣。

室内的层高有限，所以用镜面玻璃增加宽敞感，室外图景也被延伸进室内，营造出大气、精致的氛围。

有机形态的镜面如同大大小小的湖泊一样点缀在整个天花板上，反射着地板的木纹理与墙面的彩绘图案，强调出日常活动的乐趣。

与其他反射材料叠加

不仅在顶面使用玻璃材质反射光线，还可以在墙面、地面设置反射材料，让光线重叠，空间充满了虚实感。

入口橱窗地面和通道以玻璃砖铺就，底部隐约衬出特有的灰绿色漆，与侧壁的半反射玻璃、背景淡蓝色透明玻璃砖矮墙和镜面吊顶产生重叠和投影。

运用深灰色镜面不锈钢于天花之上，并且再以凹面深灰色镜面不锈钢作为吊顶装置。圆弧形的造型，让人有一种仿佛会旋转移动的错觉感，而镜面的材质更是扩大了空间维度。

彩色玻璃吊顶装饰效果突出

相比银色、茶色或黑色玻璃，其他带颜色的玻璃有更强的装饰效果，也能与更多风格搭配，不但摆脱了玻璃冷硬的现代感，而且可以增添复古感或优雅感。

透如绿玉的吊顶玻璃自带复古的味道，与颇有未来感的光线互相平衡。

透光板

　　透光板诞生之初是用来配合加固其他材料的，如大理石、各类天然石材等。由于其自身具有良好的可延展性、可塑性以及时尚性，逐步发展为一款半透明结构的特种复合板材料。整体而言，透光板更轻盈，光学效果多样；力学结构合理，较其他透光材料抗弯折能力更强；有一定的隔音隔热特性；同时在采用不同表面材料后，可以显著增加抗紫外线和抗自然侵蚀的能力；此材料是新一代高端装饰材料。透光板还具有装饰效果好，隔音隔热好，易于清洁，抗污抗腐蚀的优点。

第六章

节点 64. 透光板顶面

采用无主灯设计让空间变得更加具有时尚感。

施工步骤

转换成节点图

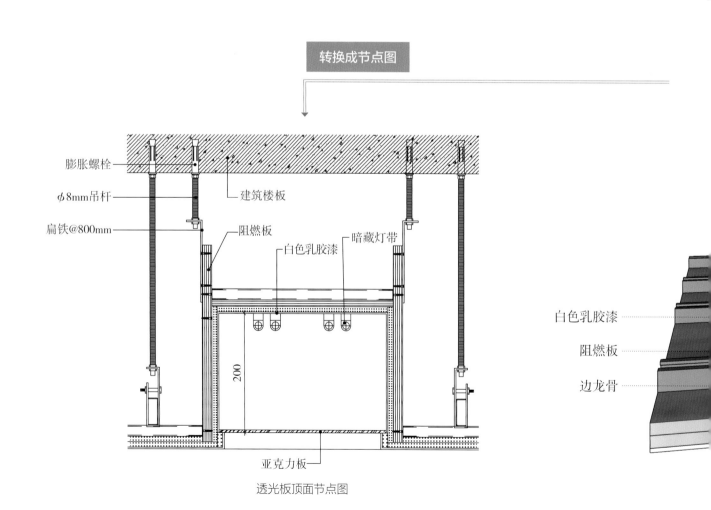

膨胀螺栓

φ8mm吊杆

扁铁@800mm

建筑楼板

阻燃板

白色乳胶漆

暗藏灯带

200

亚克力板

白色乳胶漆

阻燃板

边龙骨

透光板顶面节点图

步骤 1：
安装吊杆和配件

步骤 2：
固定主龙骨

步骤 3：
固定次龙骨、边龙骨和阻燃板

步骤 5：
处理石膏板并安装亚克力（聚甲基丙烯酸甲酯）板

步骤 4：
安装石膏板

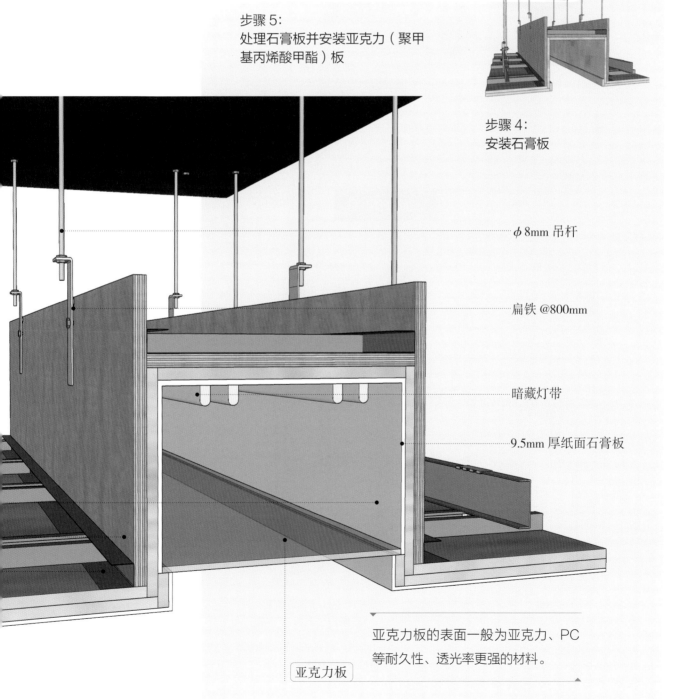

ϕ 8mm 吊杆

扁铁 @800mm

暗藏灯带

9.5mm 厚纸面石膏板

亚克力板的表面一般为亚克力、PC
等耐久性、透光率更强的材料。

亚克力板

节点 65. 透光云石灯箱

透光云石可以做灯箱,达到大气、华丽的装饰效果。

施工步骤

转换成节点图

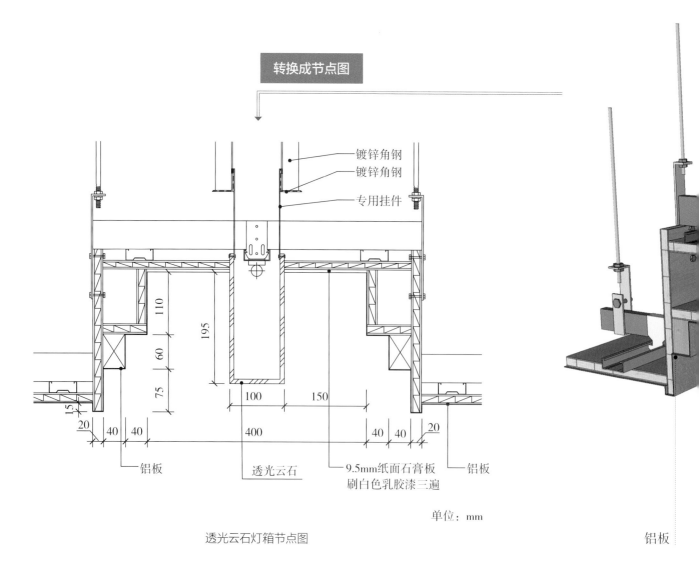

镀锌角钢
镀锌角钢
专用挂件

110
195
60
75
15
20　40　40
400
100　150
40　40　20

铝板
透光云石
9.5mm纸面石膏板
刷白色乳胶漆三遍
铝板

单位：mm

透光云石灯箱节点图

铝板

步骤 1: 固定镀锌钢板

步骤 2:
安装吊杆和配件

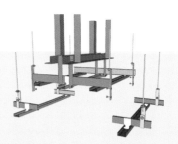

步骤 3:
固定主龙骨和次龙骨

步骤 5:
安装透光云石和石膏板

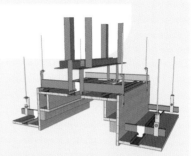

步骤 4:
安装阻燃板做基层

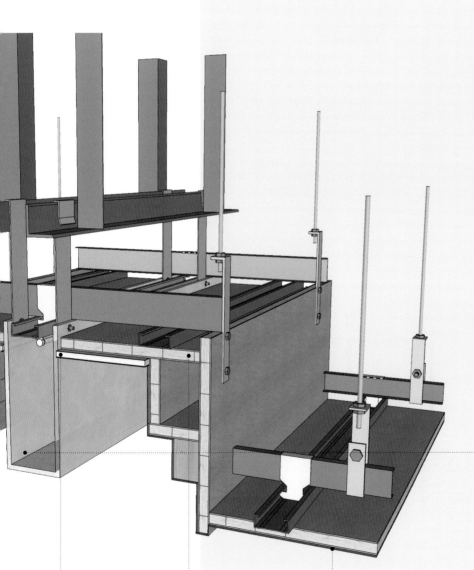

透光云石是一种新型的复合材料，由高分子材料制成，采用透光树脂，在其花纹上则选用人造玉石的纹理，达到类似石材的效果。

透光云石

9.5mm 厚纸面石膏板
刷白色乳胶漆三遍

18mm 厚细木工板

铝板

节点 66. 透光板与纸面石膏板面饰乳胶漆相接

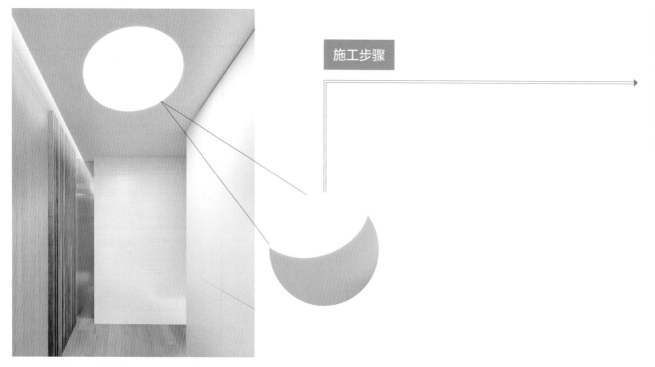

施工步骤

透光板与光线的默契相映使空间不再单调，激发无限灵感。

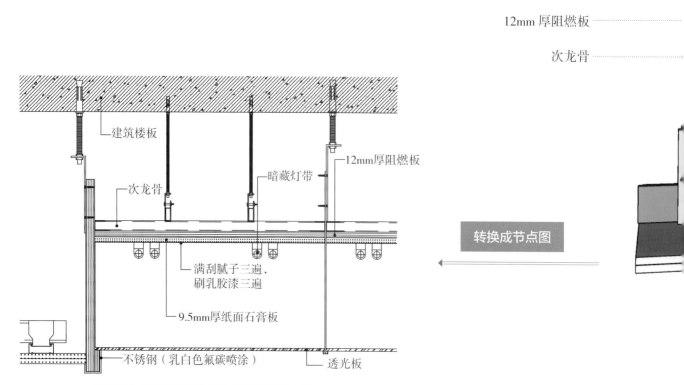

12mm 厚阻燃板

次龙骨

建筑楼板

次龙骨

暗藏灯带

12mm厚阻燃板

转换成节点图

满刮腻子三遍，刷乳胶漆三遍

9.5mm厚纸面石膏板

不锈钢（乳白色氟碳喷涂）

透光板

透光板与纸面石膏板面饰乳胶漆相接节点图

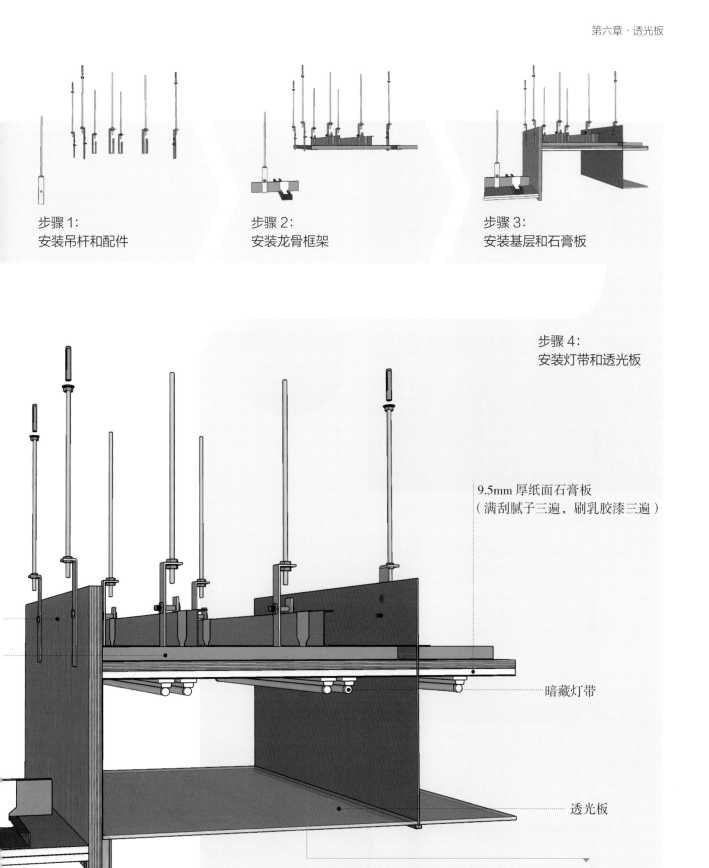

步骤 1:
安装吊杆和配件

步骤 2:
安装龙骨框架

步骤 3:
安装基层和石膏板

步骤 4:
安装灯带和透光板

9.5mm 厚纸面石膏板
（满刮腻子三遍，刷乳胶漆三遍）

暗藏灯带

透光板

透光板隔音、隔热性能好，易于清洁，还具有一定的抗污、抗腐蚀性，使用不同植物的姿态及无序的纹理，同时抗弯折能力也较强，可以做出任意形状，具有很强的可塑性。通常和纸面石膏板相接使用，不宜做整面的透光板顶面。

不锈钢（乳白色氟碳喷涂）

节点 67. 透光板与铝板相接

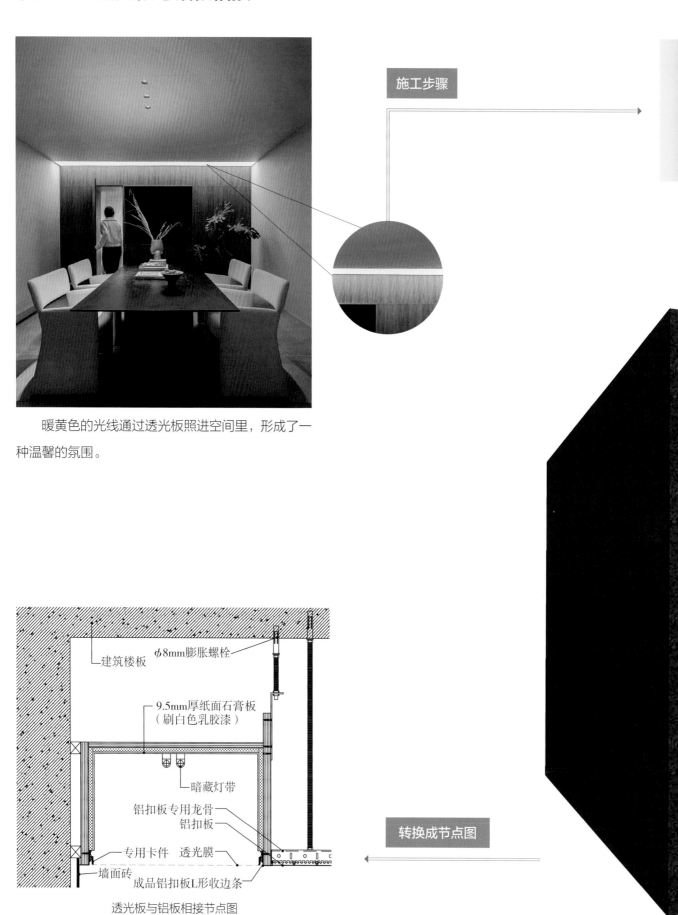

暖黄色的光线通过透光板照进空间里，形成了一种温馨的氛围。

施工步骤

转换成节点图

建筑楼板 · φ8mm膨胀螺栓

9.5mm厚纸面石膏板
（刷白色乳胶漆）

暗藏灯带

铝扣板专用龙骨
铝扣板

专用卡件 透光膜
墙面砖
成品铝扣板L形收边条

透光板与铝板相接节点图

步骤 1：
安装吊杆

步骤 2：
固定主龙骨

步骤 3：
安装阻燃板和木方做基层

步骤 5：
安装灯带和透光软膜

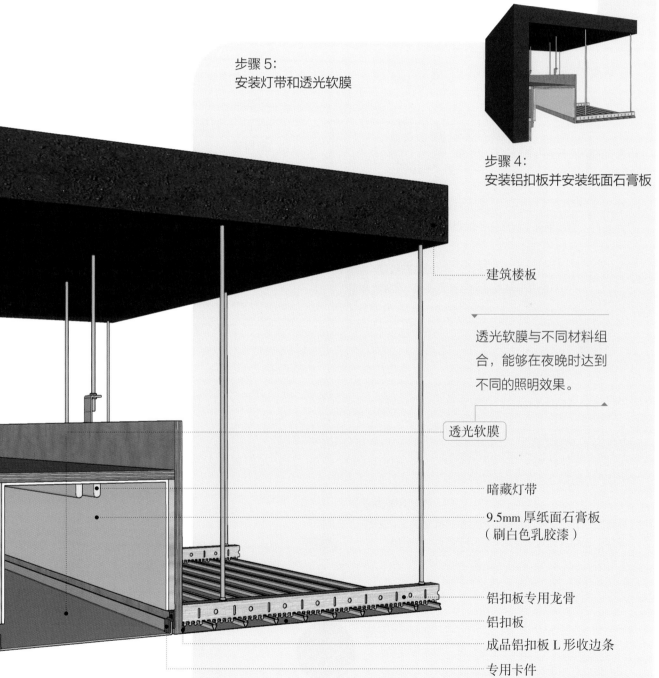

步骤 4：
安装铝扣板并安装纸面石膏板

建筑楼板

透光软膜与不同材料组合，能够在夜晚时达到不同的照明效果。

透光软膜

暗藏灯带

9.5mm 厚纸面石膏板
（刷白色乳胶漆）

铝扣板专用龙骨
铝扣板
成品铝扣板 L 形收边条
专用卡件

专题 透光板顶面设计与施工关键点

材质分类

洞石纹理
纹路为不规则斜纹，分左斜纹和右斜纹

玉石纹理
具有天然玉石的质感，纹理细腻

山水石纹理
纹理生动形象，如山水潺潺流动

雅典石纹理
最显著的特征在于内夹透光石小长条

流光石纹理
流光溢彩，色彩丰富，纹路为不规则斜纹

幻彩石纹理
色彩非常美丽而且变幻多姿，乱纹

人造透光板选购技巧。
①进行防污性试验，将酱油或者油污倒在板材上，观测板材的渗透性和防污性能。
②要求出具各种检验报告，比如防辐射报告、绿色环保报告、产品检验合格报告等。

人造透光板
可应用于顶面、墙面、隔断、家具等

透光板

亚克力透光板选购技巧。
①表面光泽高、光滑平整，没有杂质。
②表面硬度和抗划伤性能较好。

亚克力浇铸板
具有出色的抗化学品性能。特点是小批量加工，颜色多样，表面纹理效果灵活，适用于各种特殊用途

亚克力透光板
主要应用于采光体、屋顶、棚顶、楼梯和室内墙壁护板等方面

亚克力挤出板
与浇铸板相比，挤出板分子量较低，力学性能稍弱。这一特点有利于折弯和热成型加工

📝 施工要点

透光板的施工与一般石材和玻璃很相似，安装比较简单。

施工要点		
	定高度、弹线	▶弹出吊顶高度水平线。
	固定吊件	▶在原建筑顶面上打膨胀栓，固定全丝吊筋。
	安装龙骨框架	▶使用轻钢主龙骨及次龙骨来制作基层。
	安装基层	▶在灯箱处的位置安装阻燃板，再用自攻螺钉固定在龙骨上。
	安装石膏板	▶使用 9.5mm 纸面石膏板，用自攻螺钉与龙骨进行固定。
	处理纸面石膏板	▶对纸面石膏板进行满刮腻子三遍，刷乳胶漆三遍。
	安装透光板	▶安装透光板，在边角处留 2mm 宽的距离，方便检修。

📁 搭配技巧

借助灯光的透射效果展现出朦胧、柔和之感

透光板中的透光材质可以将光线变得柔和，使整个空间变得明亮但不刺眼，犹如天光一般，给人温暖的感觉。同时，借助灯光的透射，可产生一种若隐若现，若即若离的梦幻效果，晶莹通透，配上艳丽悦目、多元化的色彩，将单调枯燥的平面巧妙地幻化为立体的视觉艺术。

透光板灯箱式顶面分布在桌子上方，为桌面提供柔和的光线。

光线透过橙色透光板照进空间里，形成了一种温润的日落观感。

不同色系营造不同氛围

 红橙色透光板　　 黑色镜面玻璃

营造低调、暧昧的氛围

透光材质与反光材质同时出现在顶面，不仅从颜色上形成冷暖对比，而且光线也形成明暗对比，非常容易营造出安静、梦幻的氛围。

营造干净、简约的氛围

半透明的亚克力天花避免了厚重的感觉，曲线造型更是让空间流动起来。白色顶面与木色地面的经典搭配，呈现出简约、干净的氛围。

 透明亚克力板　　 木色地板

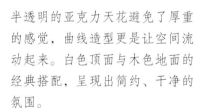

透光软膜

　　用于装饰工程的透光软膜，又称软膜天花，可配合各种灯光系统（如霓虹灯、荧光灯）营造梦幻般、无影的室内灯光效果。同时摒弃了玻璃或有机玻璃的笨重、危险以及小块拼装的缺点，已逐步成为新的装饰亮点，成为透光材料的首选。现阶段由于防火的需要，透光软膜有 A 级、B 级之分，A 级防火透光软膜可用于任何场所（尤其是大型公共场所），而 B 级透光软膜则因为防火级别低，受防火规范的限制，只能小面积用于一般场所。

第七章

节点 68. 透光软膜顶面

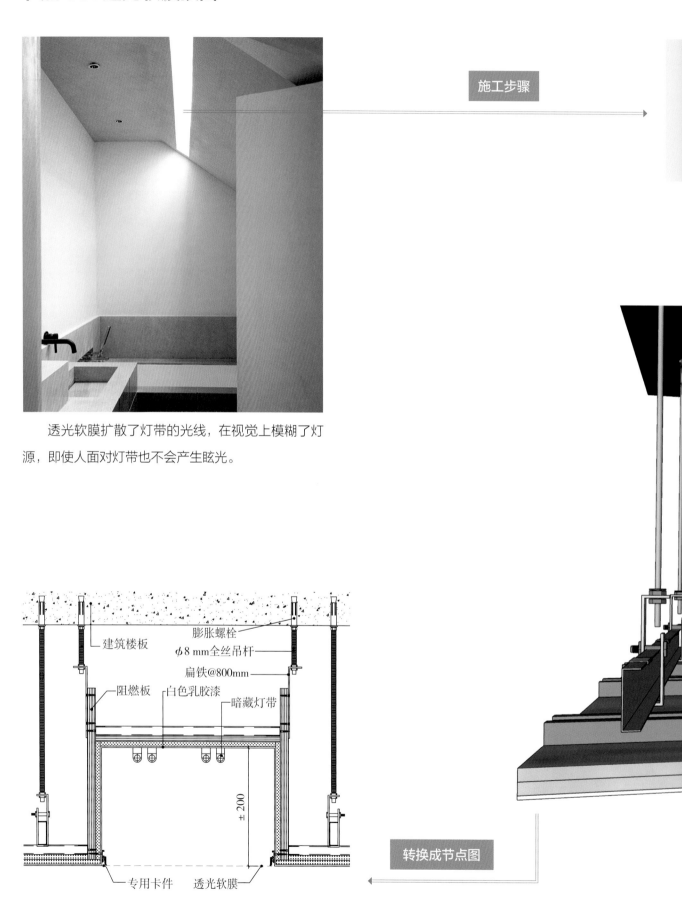

透光软膜扩散了灯带的光线，在视觉上模糊了灯源，即使人面对灯带也不会产生眩光。

施工步骤

膨胀螺栓
建筑楼板
φ8 mm全丝吊杆
扁铁@800mm
阻燃板
白色乳胶漆
暗藏灯带
±200
专用卡件
透光软膜

转换成节点图

透光软膜顶面节点图

步骤 1：
安装吊杆和配件

步骤 2：
固定主龙骨

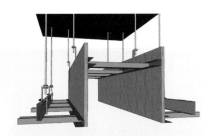

步骤 3：
固定次龙骨、边龙骨和阻燃

步骤 5：
安装软膜

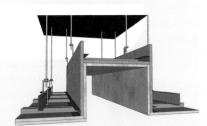

步骤 4：
安装石膏板

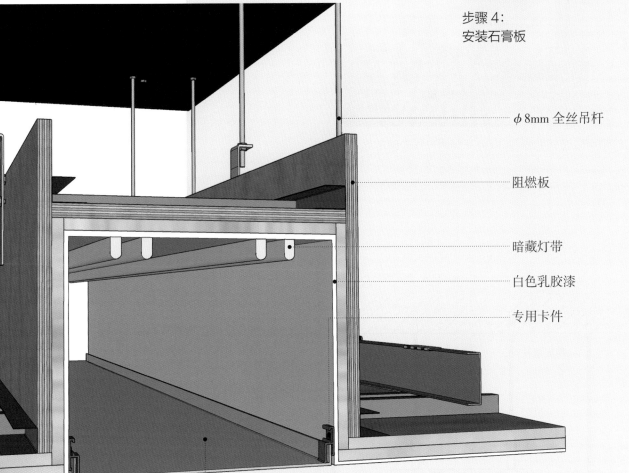

φ8mm 全丝吊杆

阻燃板

暗藏灯带

白色乳胶漆

专用卡件

透光软膜可以配合不同的灯光系统来展现多样的灯光效果，比其他材料更加具有多变性。在选择时可以根据防火需求来选择，A 级防火透光软膜防火级别高，可用于任何场所；B 级防火透光软膜则只能小面积用于一般场所。

透光软膜

节点 69. 平顶灯带

灯带可以做辅助光源，以补充照明光线较暗的区域。

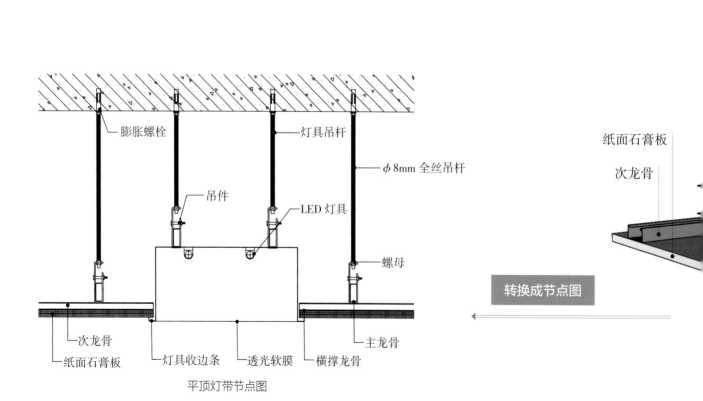

膨胀螺栓
灯具吊杆
φ8mm 全丝吊杆
吊件
LED 灯具
螺母
次龙骨
纸面石膏板
灯具收边条
透光软膜
横撑龙骨
主龙骨

平顶灯带节点图

纸面石膏板
次龙骨

转换成节点图

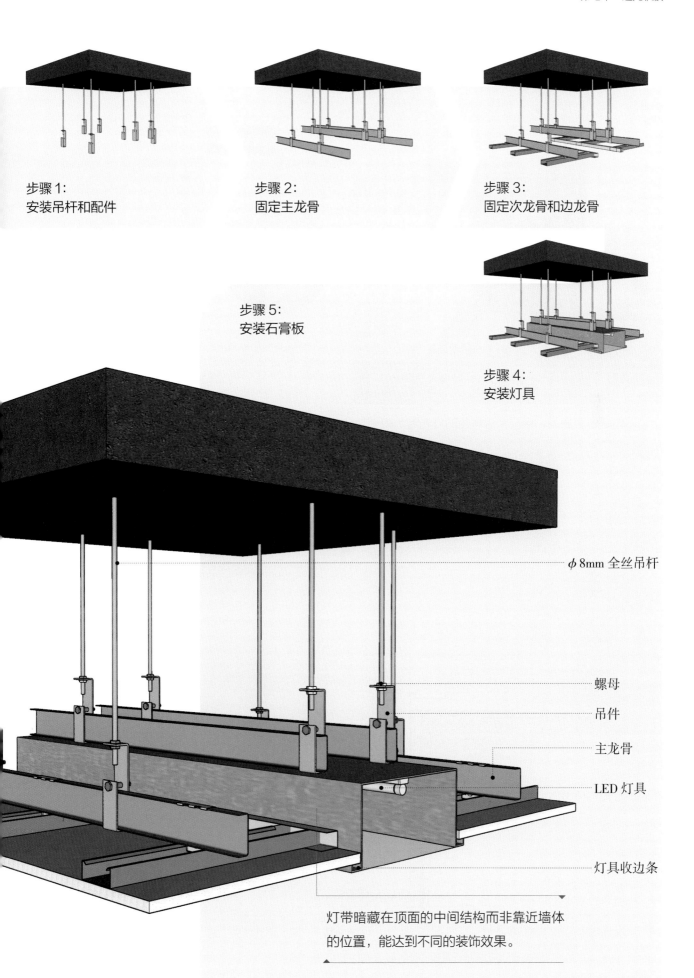

步骤 1:
安装吊杆和配件

步骤 2:
固定主龙骨

步骤 3:
固定次龙骨和边龙骨

步骤 5:
安装石膏板

步骤 4:
安装灯具

φ8mm 全丝吊杆

螺母

吊件

主龙骨

LED 灯具

灯具收边条

灯带暗藏在顶面的中间结构而非靠近墙体
的位置，能达到不同的装饰效果。

节点 70. 透光软膜与纸面石膏板面饰乳胶漆相接

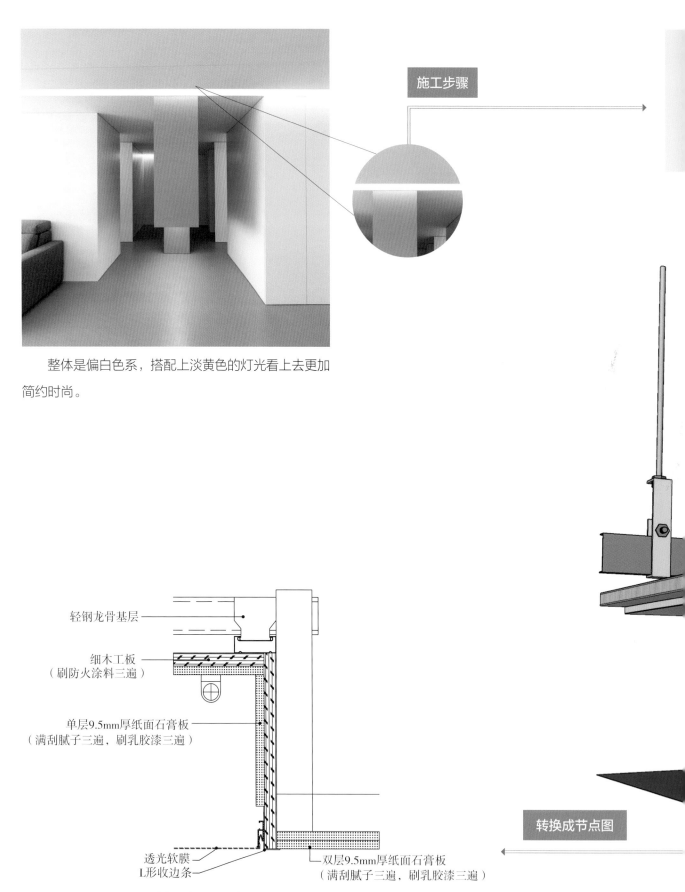

整体是偏白色系，搭配上淡黄色的灯光看上去更加简约时尚。

施工步骤

转换成节点图

轻钢龙骨基层

细木工板
（刷防火涂料三遍）

单层9.5mm厚纸面石膏板
（满刮腻子三遍，刷乳胶漆三遍）

透光软膜
L形收边条

双层9.5mm厚纸面石膏板
（满刮腻子三遍，刷乳胶漆三遍）

透光软膜与纸面石膏板面饰乳胶漆相接节点图

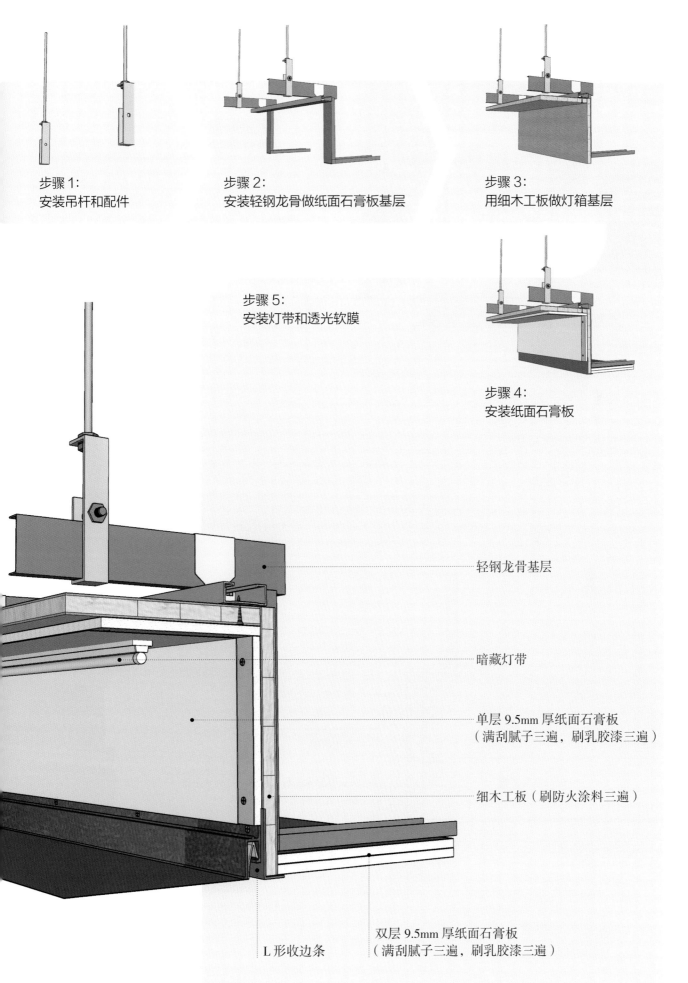

步骤 1：
安装吊杆和配件

步骤 2：
安装轻钢龙骨做纸面石膏板基层

步骤 3：
用细木工板做灯箱基层

步骤 5：
安装灯带和透光软膜

步骤 4：
安装纸面石膏板

轻钢龙骨基层

暗藏灯带

单层 9.5mm 厚纸面石膏板
（满刮腻子三遍，刷乳胶漆三遍）

细木工板（刷防火涂料三遍）

L 形收边条

双层 9.5mm 厚纸面石膏板
（满刮腻子三遍，刷乳胶漆三遍）

节点 71. 透光软膜与木饰面相接

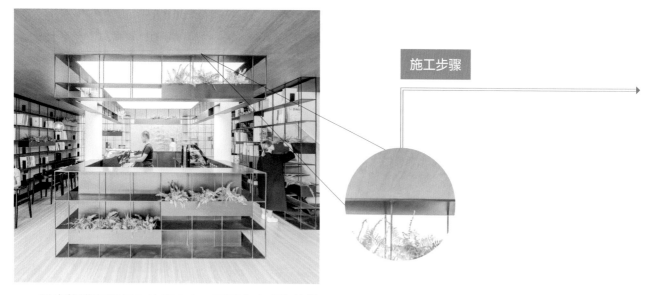

透光软膜在服务台的正上方，无形之中成为格外醒目的位置，带有一定的导向作用。

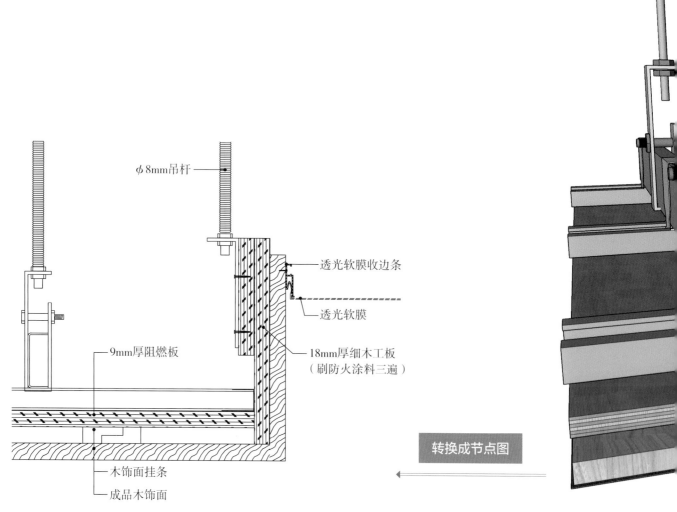

施工步骤

转换成节点图

φ8mm吊杆

透光软膜收边条

透光软膜

9mm厚阻燃板

18mm厚细木工板
（刷防火涂料三遍）

木饰面挂条

成品木饰面

透光软膜与木饰面相接节点图

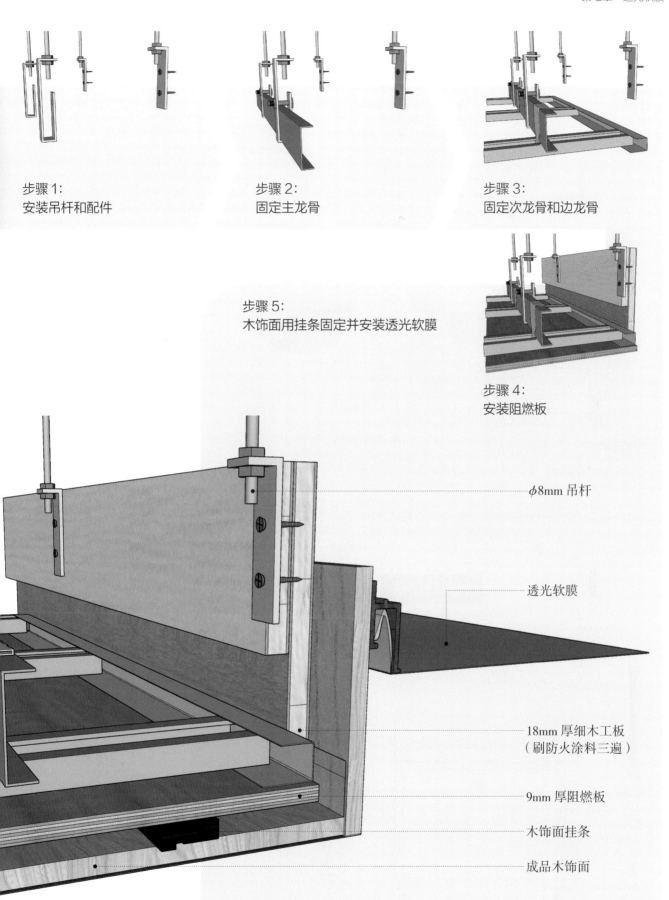

步骤 1:
安装吊杆和配件

步骤 2:
固定主龙骨

步骤 3:
固定次龙骨和边龙骨

步骤 5:
木饰面用挂条固定并安装透光软膜

步骤 4:
安装阻燃板

ϕ8mm 吊杆

透光软膜

18mm 厚细木工板
（刷防火涂料三遍）

9mm 厚阻燃板

木饰面挂条

成品木饰面

节点 72. 透光软膜与铝板相接

施工步骤

灯光位置刚好在沙发顶上，不会让人觉得刺眼，反而很温暖。

转换成节点图

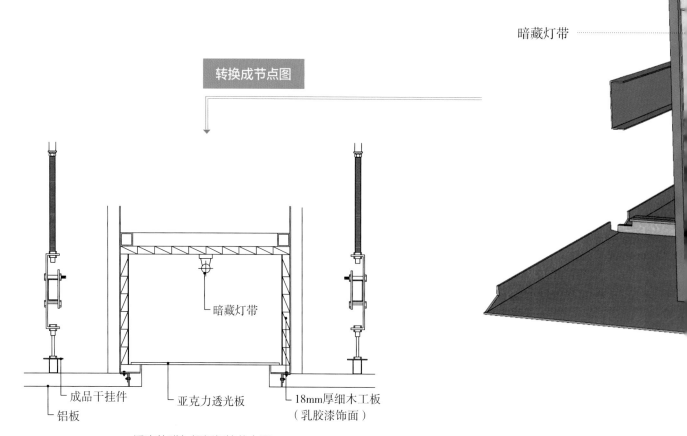

暗藏灯带

暗藏灯带

成品干挂件
铝板
亚克力透光板
18mm厚细木工板
（乳胶漆饰面）

透光软膜与铝板相接节点图

步骤 1：
固定镀锌角钢做框架

步骤 2：
安装阻燃板

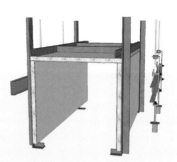

步骤 3：
安装铝板挂件

步骤 5：
安装灯带和亚克力透光板

步骤 4：
安装铝板

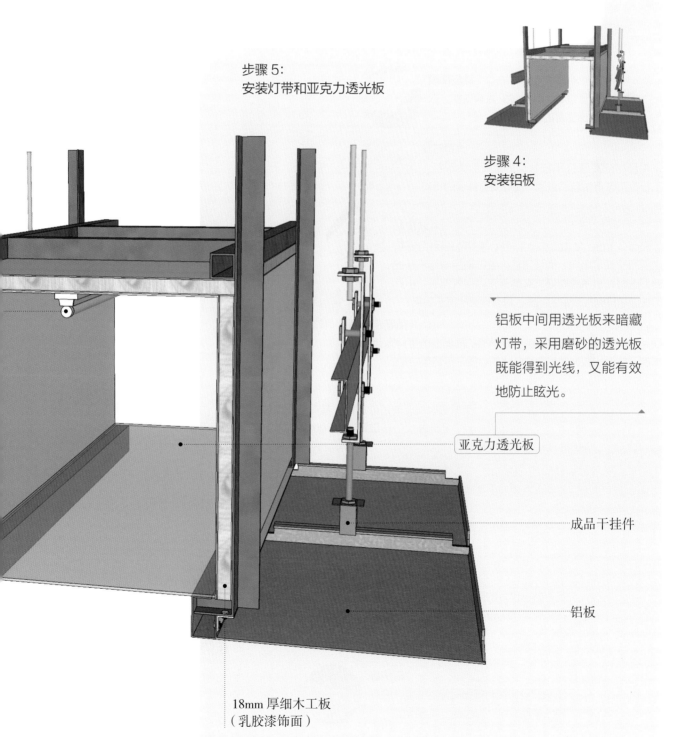

铝板中间用透光板来暗藏灯带，采用磨砂的透光板既能得到光线，又能有效地防止眩光。

亚克力透光板

成品干挂件

铝板

18mm 厚细木工板
（乳胶漆饰面）

专题 透光软膜顶面设计与施工关键点

材质分类

基本膜
软膜天花中较原始的一种类型，价格最低，表面类同普通油漆效果，适用于经济性装饰

光面膜
软膜有很强的光感，能产生类似镜面的反射效果

透光膜
软膜本品呈乳白色，半透明，能产生均匀柔和、完美独特的灯光装饰效果

亚光面膜
软膜光感仅次于光面，但强于基本膜，整体效果较纯净、高档

鲸皮面膜
软膜表面呈绒状，有优异的吸音性能。很容易营造出温馨的室内效果

按表面机理分类

大理石膜
采用膜材超高清打印技术，仿生天然大理石、云石等不可再生自然资源，具有安全环保的特点

孔状面膜
软膜有 ϕ1mm、ϕ4mm、ϕ10mm 等多种孔径供选择，主要用于建筑吸声、消音用途，是歌剧院与音乐厅的良好选材，透气性能好，有助于室内空气流通，小孔可按要求排列成所需的图案，具有很强的展示效果

图案定制膜
采用膜材打印技术，可印制特定风格的图案或仿生材质效果，丰富了软膜的装饰效果和弥补一般材质不可造型的短板

透明膜
类似透明玻璃或磨砂玻璃，具有超强韧性的特点，易运输，一般玻璃达不到此装饰效果

透光软膜

透光软膜选购技巧。
①优质品摸起来手感柔软、弹性好。
②在灯光下背看，有没有杂质。优质品带奶油色或白色；而劣质品纯度不高，里边掺杂有灰黑色的斑点。
③优质软膜天花有一股淡淡的香味，而劣质软膜天花气味难闻，有刺鼻的味道。

A 级膜
具有非常优异的防火性能，特别适合用在防火要求比较严的公共场所

按防火性能分类

B 级膜
B 级软膜天花有很强的伸缩性能，并且颜色多种多样，也能做出很多造型

📝 施工要点

透光软膜的构造原理其实比较好理解，通过铝合金特制龙骨进行造型，将软膜与扣边焊接后，嵌入龙骨的卡槽内，施工安装工艺比较简单。根据龙骨的不同，嵌入的方式也不同。

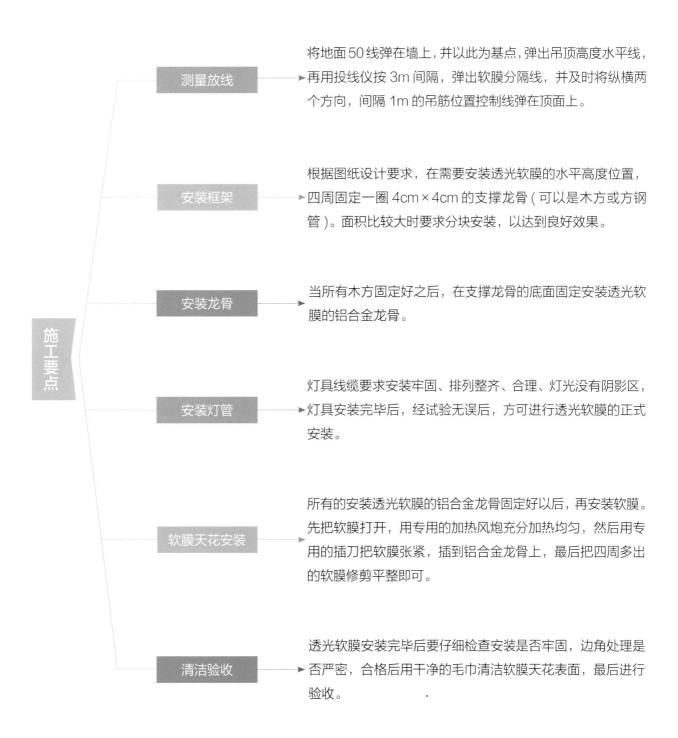

测量放线 → 将地面50线弹在墙上，并以此为基点，弹出吊顶高度水平线，再用投线仪按3m间隔，弹出软膜分隔线，并及时将纵横两个方向，间隔1m的吊筋位置控制线弹在顶面上。

安装框架 → 根据图纸设计要求，在需要安装透光软膜的水平高度位置，四周固定一圈4cm×4cm的支撑龙骨（可以是木方或方钢管）。面积比较大时要求分块安装，以达到良好效果。

安装龙骨 → 当所有木方固定好之后，在支撑龙骨的底面固定安装透光软膜的铝合金龙骨。

安装灯管 → 灯具线缆要求安装牢固、排列整齐、合理、灯光没有阴影区，灯具安装完毕后，经试验无误后，方可进行透光软膜的正式安装。

软膜天花安装 → 所有的安装透光软膜的铝合金龙骨固定好以后，再安装软膜。先把软膜打开，用专用的加热风炮充分加热均匀，然后用专用的插刀把软膜张紧，插到铝合金龙骨上，最后把四周多出的软膜修剪平整即可。

清洁验收 → 透光软膜安装完毕后要仔细检查安装是否牢固，边角处理是否严密，合格后用干净的毛巾清洁软膜天花表面，最后进行验收。

◪ 搭配技巧

与地面造型形成呼应

当天花造型与地面造型呼应时，视觉上可以起到引导的作用，同时整体有着非常明确的区域划分效果。

休息区地面使用红色瓷砖进行铺贴，以此与其他区域进行区分，顶面也使用不同的材料进行区分，仅在休息区顶面使用透光软膜装饰。

较长的线性软膜天花作为灯光照明，为人群提供清晰流线导向、明亮通道轴线的同时，也与地面白色通道呼应。

造型顶面增添灵动性

利用顶材做出独特的顶面造型，给人浑然天成的个性感。如果房间的高度足够，可以用相同的顶材做整体式的吊顶，并用出众的造型来增加层次感和装饰性。

拱形的采光天花板，同时利用结构梁来创造无阴影的照明系统，形成了柔和的光线和静谧的氛围。

巨大的弧形穹顶在金色质感漆的包裹下，从透光软膜中散发着微光，成为空间的视觉中心。

吸声板

　　普通室内的空间内表面一般都是由平整坚硬的材料（如瓷砖等）构成的，因此室内有声音时，人们除了能听到声源传来的直达声外，还能听到空间各个表面多次反射所形成的反射声，人们耳中的声音就会比直达声要大，吸声材料则可以吸收房间内的一部分反射声，减弱声音在室内的反复反射。在一些对声学性能有要求的场所，如会议室等空间中，常常会使用吸声材料。本章针对不同吸声材料和结构进行详细的解析。

第八章

节点 73. 穿孔石膏板顶面

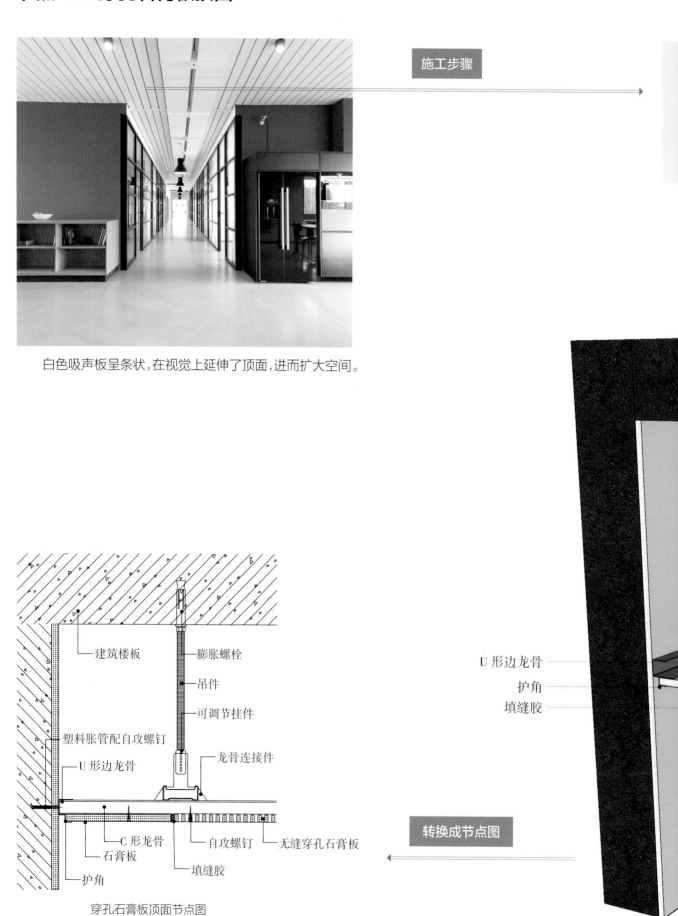

白色吸声板呈条状，在视觉上延伸了顶面，进而扩大空间。

施工步骤

建筑楼板
膨胀螺栓
吊件
可调节挂件
塑料胀管配自攻螺钉
U 形边龙骨
龙骨连接件
C 形龙骨
石膏板
护角
自攻螺钉
填缝胶
无缝穿孔石膏板

穿孔石膏板顶面节点图

U 形边龙骨
护角
填缝胶

转换成节点图

步骤 1：
安装吊杆和配件

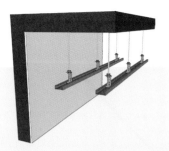

步骤 2：
固定主龙骨

步骤 3：
固定次龙骨和边龙骨

步骤 5：
安装穿孔石膏板并填缝

步骤 4：
安装石膏板

建筑楼板

膨胀螺栓

吊件

可调节挂件

C 形龙骨

无缝穿孔石膏板

穿孔石膏板有着贯通于石膏板正面和背面的圆柱形孔眼，由在石膏板背面粘贴具有透气性的背覆材料和能吸收入射声能的吸声材料等组合而成，其材料最大的优势就是吸声效果优良。

节点 74. 木丝吸声板顶面

　　原木色的木丝吸声板与空间中的椅子、柜体、背景墙等相呼应，同时与白色地面、墙面搭配，让空间色调更加干净，给人以放松、舒适的感觉。

施工步骤

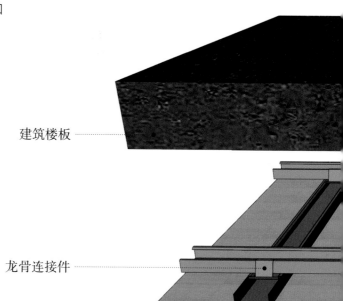

建筑楼板

龙骨连接件

转换成节点图

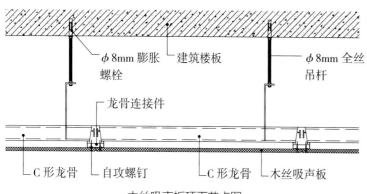

ϕ8mm 膨胀螺栓　建筑楼板　　ϕ8mm 全丝吊杆

龙骨连接件

C 形龙骨　　自攻螺钉　　C 形龙骨　　木丝吸声板

木丝吸声板顶面节点图

步骤 1：
安装吊杆和配件

步骤 2：
固定主龙骨

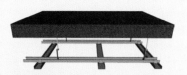

步骤 3：
固定次龙骨

步骤 4：
安装吸声板

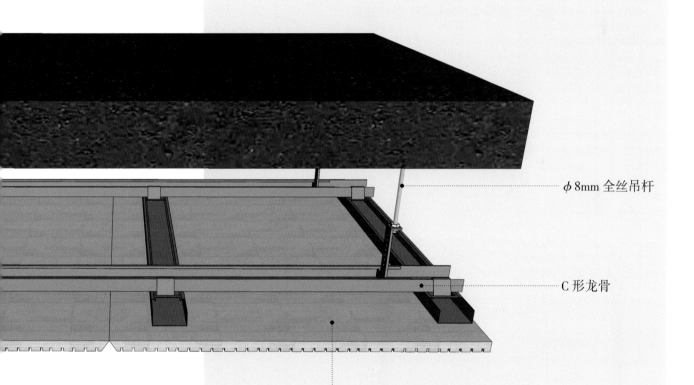

φ8mm 全丝吊杆

C 形龙骨

木丝吸声板以白杨木纤维为原料，结合独特的无机硬水泥黏合剂，采用连续操作工艺，在高温、高压条件下制成。外观独特、吸声性能良好。

木丝吸声板

节点 75. 玻璃纤维吸声板顶面

玻璃纤维吸声板吸声功能较强，常被用于办公建筑、剧院等空间内。

施工步骤

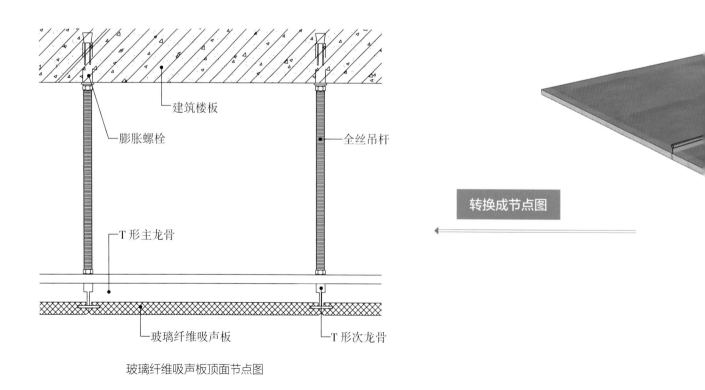

转换成节点图

建筑楼板

膨胀螺栓

全丝吊杆

T 形主龙骨

玻璃纤维吸声板

T 形次龙骨

玻璃纤维吸声板顶面节点图

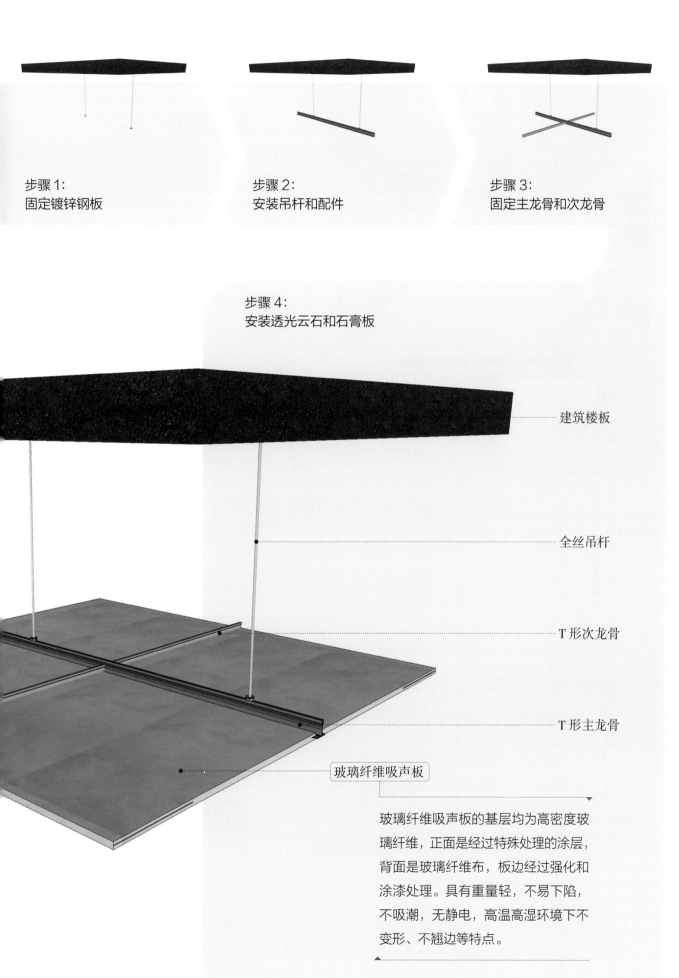

步骤 1：
固定镀锌钢板

步骤 2：
安装吊杆和配件

步骤 3：
固定主龙骨和次龙骨

步骤 4：
安装透光云石和石膏板

建筑楼板

全丝吊杆

T 形次龙骨

T 形主龙骨

玻璃纤维吸声板

玻璃纤维吸声板的基层均为高密度玻璃纤维，正面是经过特殊处理的涂层，背面是玻璃纤维布，板边经过强化和涂漆处理。具有重量轻，不易下陷，不吸潮，无静电，高温高湿环境下不变形、不翘边等特点。

节点 76. AGG 无缝吸声（穿孔石膏板基层）顶面

　　灯带可以做辅助光源，以补充照明光线较暗的区域，例如玄关柜等位置，方便人们拿取物品。

施工步骤

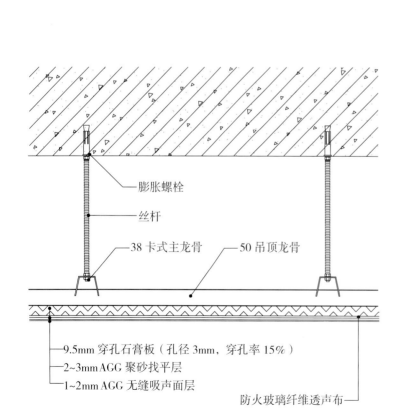

膨胀螺栓

丝杆

38 卡式主龙骨　　　50 吊顶龙骨

转换成节点图

9.5mm 穿孔石膏板（孔径 3mm，穿孔率 15%）

2~3mm AGG 聚砂找平层

1~2mm AGG 无缝吸声面层

防火玻璃纤维透声布

AGG 无缝吸声（穿孔石膏板基层）顶面节点图

步骤 1：
安装吊杆

步骤 2：
固定主龙骨

步骤 3：
固定次龙骨

步骤 5：
安装防火玻璃纤维透声布，安装 AGG
聚砂找平层，安装 AGG 无缝吸声面层

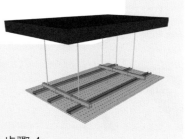

步骤 4：
石膏板封板

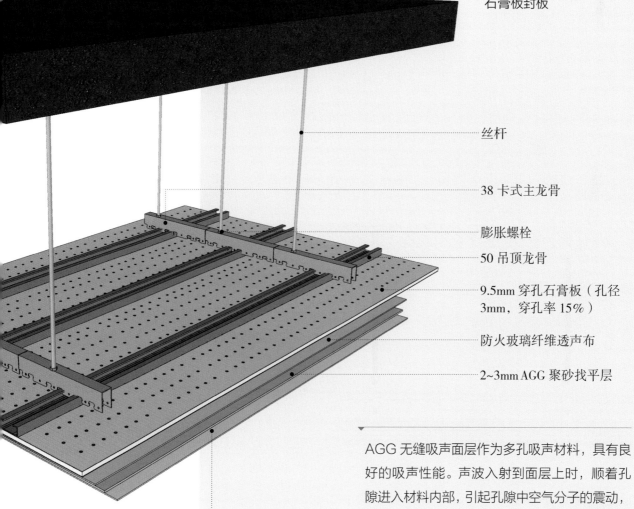

丝杆

38 卡式主龙骨

膨胀螺栓

50 吊顶龙骨

9.5mm 穿孔石膏板（孔径
3mm，穿孔率 15％）

防火玻璃纤维透声布

2~3mm AGG 聚砂找平层

1~2mmAGG 无缝
吸声面层

AGG 无缝吸声面层作为多孔吸声材料，具有良
好的吸声性能。声波入射到面层上时，顺着孔
隙进入材料内部，引起孔隙中空气分子的震动，
由于空气的黏滞阻力和空气分子与孔隙壁的摩
擦，声能转化为热能而损耗，达到降噪的目的。

节点 77. AGG 无缝吸声（聚砂吸声板基层）顶面

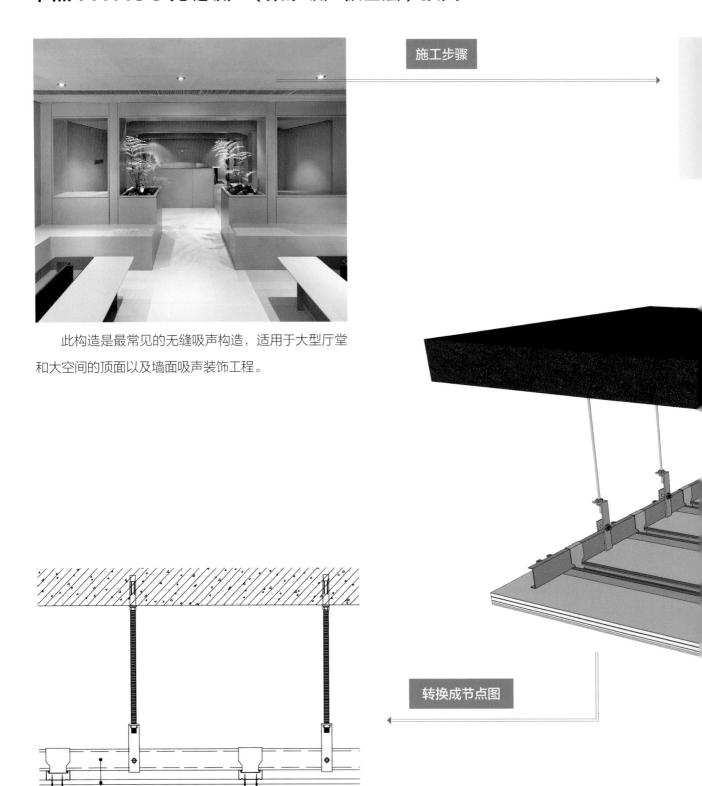

此构造是最常见的无缝吸声构造，适用于大型厅堂和大空间的顶面以及墙面吸声装饰工程。

施工步骤

转换成节点图

吊顶龙骨 300mm×600mm 间距
聚砂吸声板基层
2~3mm AGG 聚砂找平层
1~2mm AGG 无缝吸声面层
玻璃纤维透声布

AGG 无缝吸声（聚砂吸声板基层）顶面节点图

步骤 1：
安装吊杆和配件

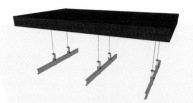

步骤 2：
固定主龙骨

步骤 3：
固定次龙骨

步骤 5：
安装玻璃纤维网格布，安装 AGG 聚
砂找平层，安装 AGG 无缝吸声面层

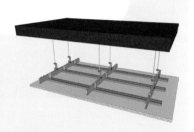

步骤 4：
安装聚砂吸声板

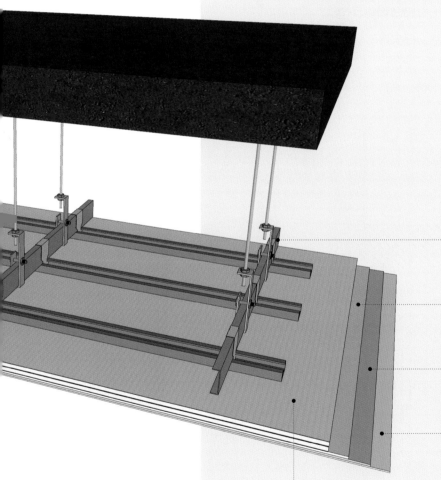

吊顶龙骨 300mm × 600mm 间距

玻璃纤维透声布

2~3mm AGG 聚砂找平层

1~2mm AGG 无缝吸声面层

聚砂吸声板具有吸声、防水防潮、
耐高温、绝缘、环保的功能，因
其优异的性能经常被广泛用于吸
声降噪相关项目中。

聚砂吸声板基层

节点 78. 吸声模块平板顶面（直角边）

施工步骤

　　直角边的形式会让 T 形龙骨在顶面上有局部裸露，但不影响空间的装饰性，通常被用于会议室、报告厅等大型空间中。

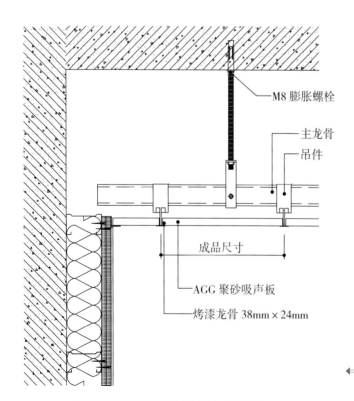

吸声模块平板顶面（直角边）节点图

M8 膨胀螺栓

主龙骨

吊件

成品尺寸

AGG 聚砂吸声板

烤漆龙骨 38mm×24mm

转换成节点图

步骤1:
固定墙面龙骨

步骤2:
固定吊件

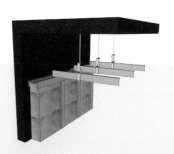

步骤3:
墙面填充吸声棉，并固定主龙骨

步骤5:
AGG 聚砂吸声板

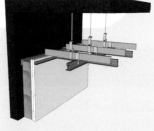

步骤4:
安装墙面吸声面层并固定次龙骨

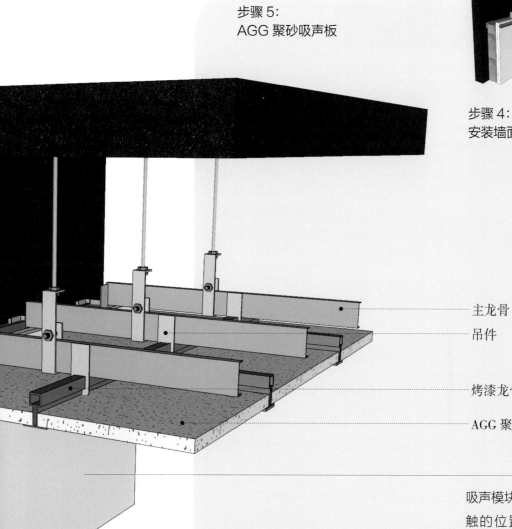

主龙骨

吊件

烤漆龙骨 38mm×24mm

AGG 聚砂吸声板

吸声模块平板在与墙面接
触的位置采用 L 形边龙
骨进行安装。

节点 79. 吸声模块平板顶面（跌级边）

浅灰色的吸声模块和白色石膏板共同构成了走廊区域的顶面，白色的部分压缩了灰色，使走廊更加具有进深感。

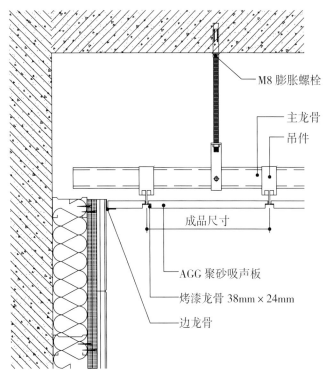

M8 膨胀螺栓

主龙骨

吊件

成品尺寸

AGG 聚砂吸声板

烤漆龙骨 38mm × 24mm

边龙骨

吸声模块平板顶面（跌级边）节点图

施工步骤

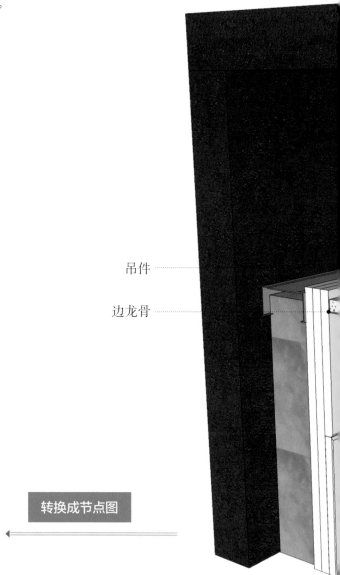

吊件

边龙骨

转换成节点图

步骤1:
固定墙面龙骨和安装
吊杆及配件

步骤2:
填充吸声棉并固定主龙骨

步骤3:
安装双层石膏板并固定次龙骨

步骤4:
墙面安装吸声模块,顶面安装 AGG 聚砂吸声模块

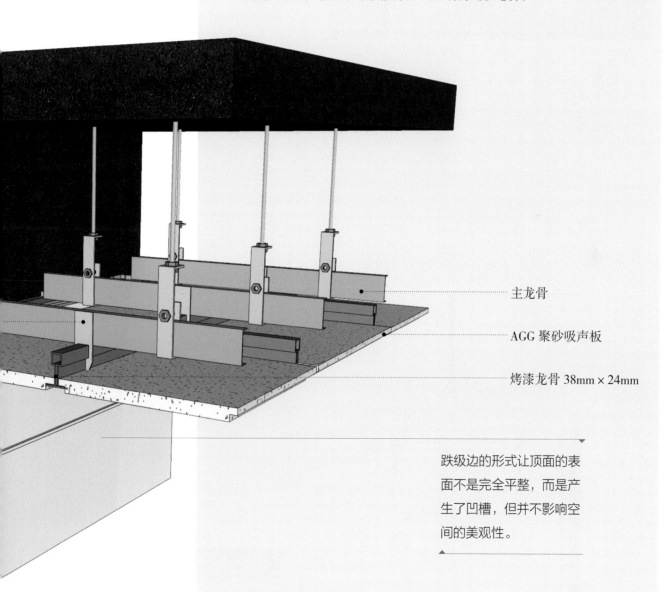

主龙骨

AGG 聚砂吸声板

烤漆龙骨 38mm × 24mm

跌级边的形式让顶面的表
面不是完全平整,而是产
生了凹槽,但并不影响空
间的美观性。

节点 80. 吸声模块平板顶面（暗插边）

施工步骤

黄色的吸声面层给以灰色为主调的空间添加了暖色，避免整体空间色调过冷，给人带来不舒适的感觉。

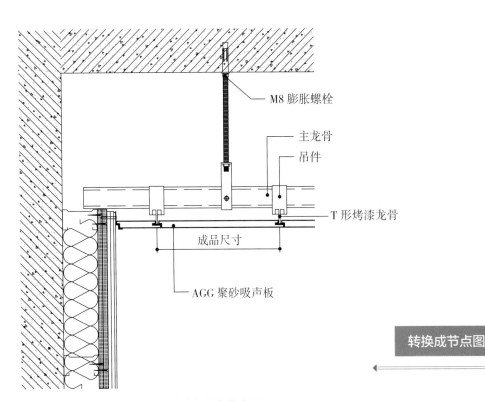

M8 膨胀螺栓

主龙骨

吊件

T 形烤漆龙骨

成品尺寸

AGG 聚砂吸声板

转换成节点图

吸声模块平板顶面（暗插边）节点图

步骤 1:
固定墙面龙骨和安装
吊杆及配件

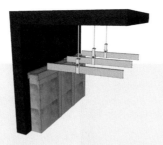

步骤 2:
填充吸声棉并固定主龙骨

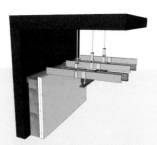

步骤 3:
安装双层石膏板并固定次龙骨

步骤 5:
顶面安装 AGG 聚砂吸声板

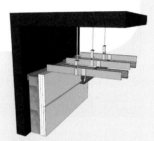

步骤 4:
墙面安装吸声模块

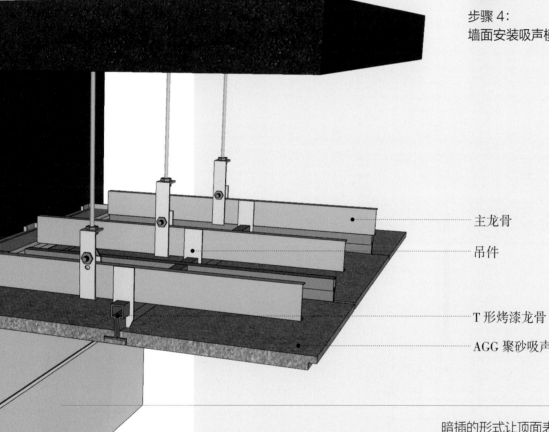

主龙骨

吊件

T 形烤漆龙骨

AGG 聚砂吸声板

暗插的形式让顶面表面没
有龙骨,缝隙极小,顶面
看起来更加具有整体性。

节点 81.吸声模块平板顶面（立体凹槽）

　　灰色的顶面和侧边的太阳光照形成了鲜明的对比，光线映照在地面上和墙面引光做出的光影效果结合，让空间充满温暖、干净的氛围。

施工步骤

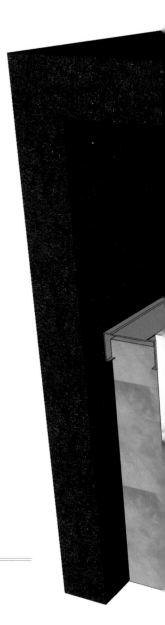

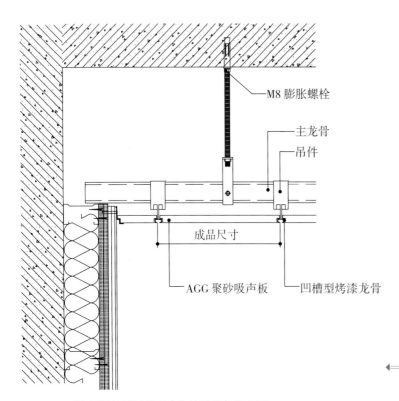

M8 膨胀螺栓

主龙骨

吊件

成品尺寸

AGG 聚砂吸声板 —— 凹槽型烤漆龙骨

转换成节点图

吸声模块平板顶面（立体凹槽）节点图

步骤 1：
固定墙面龙骨和安装
吊杆和配件

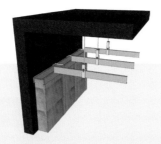

步骤 2：
填充吸声棉并固定主龙骨

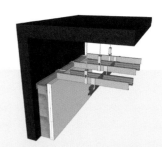

步骤 3：
安装双层石膏板并固定次龙骨

步骤 5：
顶面安装 AGG 聚砂吸声板

步骤 4：
墙面安装吸声模块

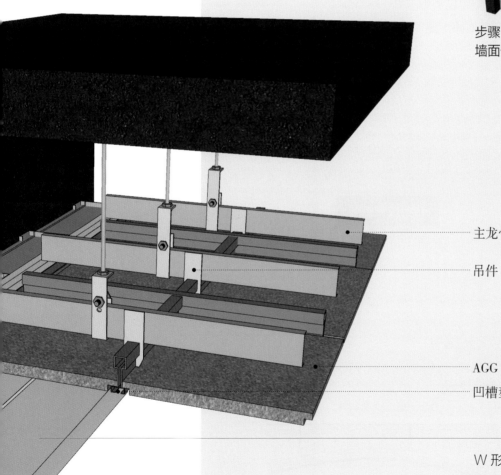

主龙骨

吊件

AGG 聚砂吸声板

凹槽型烤漆龙骨

W 形龙骨安装后墙面体
现出了 15mm 的凹槽效
果，与吸声模块预留凹槽
的效果相近，可达到同等
协调的装饰效果。

节点 82. 曲面聚砂吸声反支撑顶面

此节点采用三层或双层石膏板进行错缝安装，以达到隔声的目的。适用于剧场、剧院等对隔声要求较高的场所，能有效地降低室内背景噪声。

施工步骤

转换成节点图

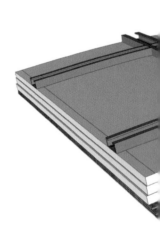

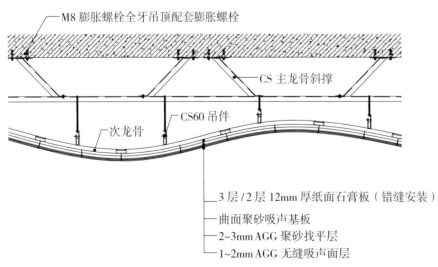

M8 膨胀螺栓全牙吊顶配套膨胀螺栓

CS 主龙骨斜撑

次龙骨

CS60 吊件

3 层 / 2 层 12mm 厚纸面石膏板（错缝安装）

曲面聚砂吸声基板

2~3mm AGG 聚砂找平层

1~2mm AGG 无缝吸声面层

曲面聚砂吸声反支撑顶面节点图

步骤 1:
固定主龙骨斜撑和横撑

步骤 2:
固定吊件

步骤 3:
固定次龙骨

步骤 5:
安装吸声基板,安装聚砂找平层,
安装吸声面层

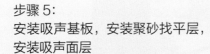

步骤 4:
安装双层石膏板

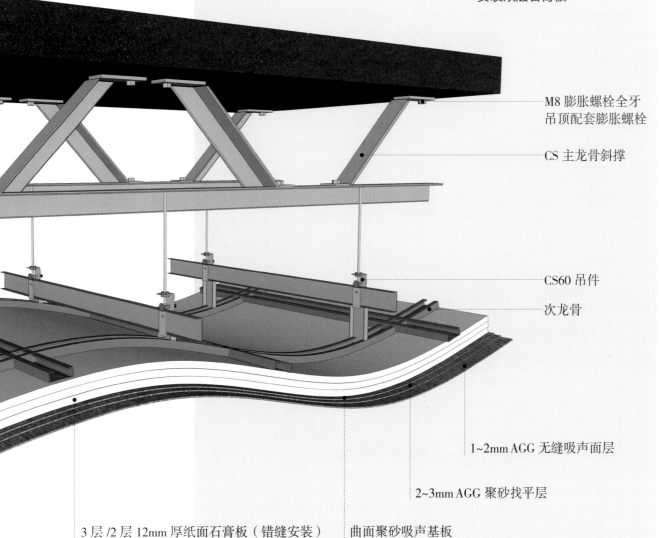

M8 膨胀螺栓全牙
吊顶配套膨胀螺栓

CS 主龙骨斜撑

CS60 吊件

次龙骨

1~2mm AGG 无缝吸声面层

2~3mm AGG 聚砂找平层

3 层 /2 层 12mm 厚纸面石膏板（错缝安装）　　曲面聚砂吸声基板

节点 83. 扩散吸声反支撑顶面

折板的形式在一些别墅的 KTV 房间中也可以使用。

施工步骤

折板的结构能有效地扩散声音，非常适用于演播厅、话剧舞台等空间中。

转换成节点图

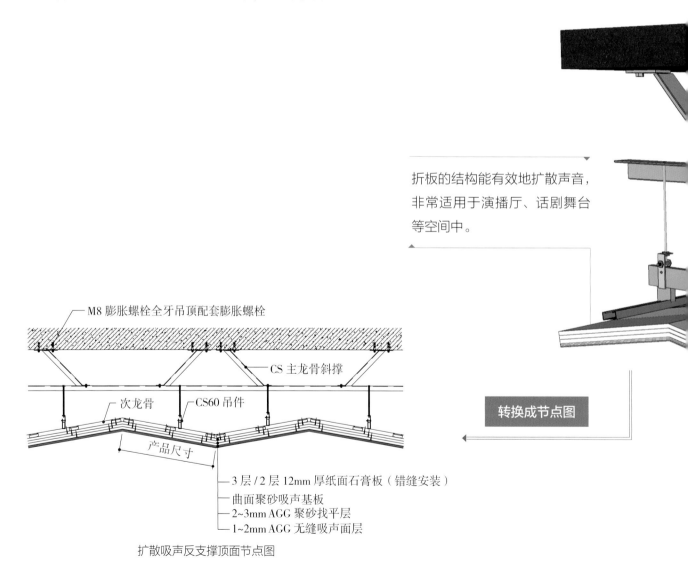

M8 膨胀螺栓全牙吊顶配套膨胀螺栓

CS 主龙骨斜撑

次龙骨 —— CS60 吊件

产品尺寸

—— 3 层 / 2 层 12mm 厚纸面石膏板（错缝安装）
—— 曲面聚砂吸声基板
—— 2~3mm AGG 聚砂找平层
—— 1~2mm AGG 无缝吸声面层

扩散吸声反支撑顶面节点图

步骤1：
固定主龙骨斜撑和横撑

步骤2：
固定吊件

步骤3：
固定次龙骨

步骤5：
安装吸声基板，安装聚砂找平层，
安装吸声面层

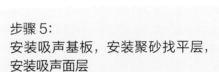

步骤4：
安装双层石膏板

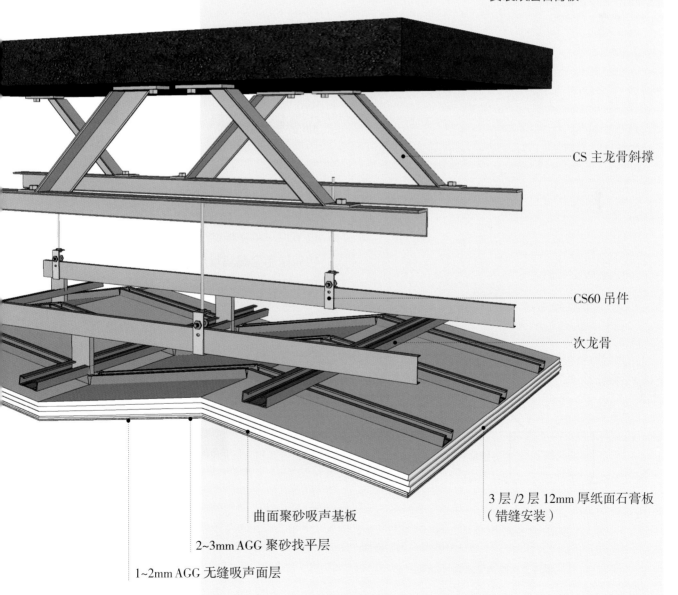

CS 主龙骨斜撑

CS60 吊件

次龙骨

3层/2层12mm厚纸面石膏板
（错缝安装）

曲面聚砂吸声基板

2~3mm AGG 聚砂找平层

1~2mm AGG 无缝吸声面层

节点 84. 格栅弧形吸声反支撑顶面

施工步骤

波浪状的格栅给顶面增加了动态感，比起死板的平面顶面，空间会更加具有流动性。

M8 膨胀螺栓全牙
吊顶配套膨胀螺栓

该节点采用多模数 B 形龙骨，也就是用金属扁管弯管器造型来达到弧形的装饰效果。

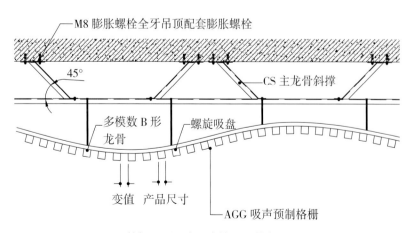

M8 膨胀螺栓全牙吊顶配套膨胀螺栓

45°

CS 主龙骨斜撑

多模数 B 形
龙骨

螺旋吸盘

转换成节点图

变值 产品尺寸

AGG 吸声预制格栅

格栅弧形吸声反支撑顶面节点图

步骤 1:
固定主龙骨斜撑和横撑

步骤 2:
固定吊件

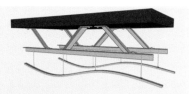

步骤 3:
固定 B 形龙骨

步骤 4:
安装 AGG 格栅

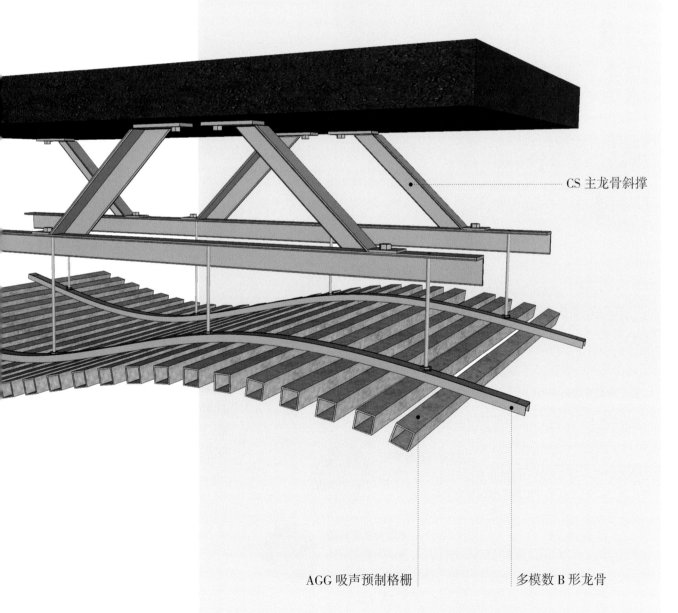

CS 主龙骨斜撑

AGG 吸声预制格栅

多模数 B 形龙骨

专题　吸声板顶面设计与施工关键点

材质分类

木质吸声板
根据声学原理精致加工而成，由饰面、芯材和吸音薄毡组成

木丝吸声板
结合了木材与水泥的优点，如木材般质轻，如水泥般坚固

矿棉吸声板
表面处理形式丰富，板材有较强的装饰效果

布艺吸声板
核心材料是离心玻璃棉

聚酯纤维吸声板
是一种理想的吸声装饰材料，其原料为 100% 的聚酯纤维

按制作材料分类
主要应用于对声学环境要求较高的场所

吸声板选购技巧。
①看吸声板的性能，是否有合格的检测报告。
②从吸声板裸露矿棉的一侧具体观察其矿棉质量，是否平均，矿棉色差是否一致等。
③查看其表面喷涂处理色差是否一致，背涂是否达标，会不会泛起粘连性矿棉，表面有没有凸起等。

吸声板

吸音尖劈吸声板
是一种用于强吸声场的特殊吸声结构材料，采用多孔性（或纤维性）材料成型切割，制作成锥形或尖劈状吸声体，坚挺不变形

扩散体吸声板
除了具有平面吸声板的所有功能外，还能改善音质

铝蜂窝穿孔吸声板
由于蜂窝铝板内的蜂窝芯分隔成众多的封闭小室，阻止了空气流动，因此提高了吸声系数和板材自身强度

木质穿孔吸声板
吸声机理是材料内部有大量微小的连通的孔隙，声波沿着这些孔隙可以深入材料内部，与材料发生摩擦作用将声能转化为热能

按结构分类
应用于需要防潮、保温、隔热、隔声的环境

施工要点

　　吸声板大致可以分为平贴、明龙骨、暗龙骨等安装方法，吸声板接缝的处理可以分为密拼、加装饰嵌条、留缝等几种。

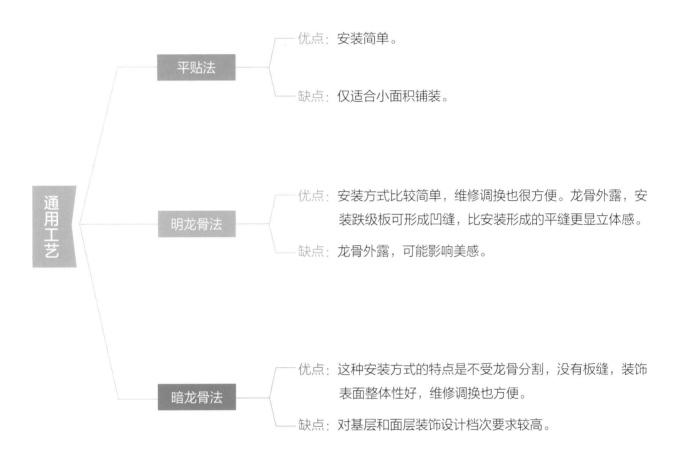

通用工艺

平贴法
　优点：安装简单。
　缺点：仅适合小面积铺装。

明龙骨法
　优点：安装方式比较简单，维修调换也很方便。龙骨外露，安装跌级板可形成凹缝，比安装形成的平缝更显立体感。
　缺点：龙骨外露，可能影响美感。

暗龙骨法
　优点：这种安装方式的特点是不受龙骨分割，没有板缝，装饰表面整体性好，维修调换也方便。
　缺点：对基层和面层装饰设计档次要求较高。

▨ 搭配技巧

与金属材质搭配中和冷硬感

吸声板的表面粗糙，所以与表面光滑的金属材质呼应，可以形成粗细的对比以协调空间的冷暖平衡。金属材质可以出现在灯具上，也可以出现在家具、隔墙中。

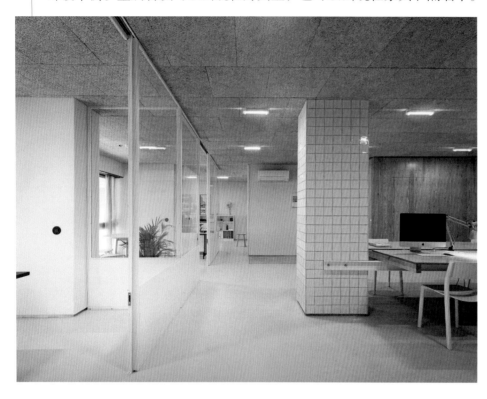

地面与吸音天花板的中性色调调和了瓷砖与木材之间的强烈冷暖对比，增强了空间氛围的多样性。

整个建筑中采用了大量的吸声材料，色彩丰富的吸音板吊顶与白色金属网吊顶分割着空间，很好地形成冷暖的对比。

与灯具形成一体式顶面

对于隔声有要求的空间可以选择吸声板作为顶面材料，如果没有特别多的装饰需求，那么吸声板和灯具形成的一体式顶面是比较适合的一种选择，可以使空间看上去更加清爽、整洁。

吸声板和灯具形成的一体式顶面适合对于隔声有要求的办公空间，不仅有很好的环保效果，在装饰方面效果也非常不错。

吸声板由木棉保温层与水泥饰面组成，并采用原始的手法直接固定于天花板上。

通过独特设计打破传统单一的形式

多种色彩或不同类型的吸声板组合，可以为空间带来无尽的、独一无二的装饰效果，并且根据设计需求，将吸声板拼接成不同的几何状图案，打破传统吸声板单一的设计形式。

纸飞机形状的吸声板活跃了空间并为之注入轻松感和趣味性。

吧台上方的天花板略微下压，呈现出颠倒的棱台的造型，其上安装着照明设施和吸声板，标志着咖啡厅的中心。

善用灯具让吸声板具有独特性

吸声板本身的功能性要大于装饰性，所以为了保证功能效果，可能会限制住对吸声板造型的选择，此时可以利用灯具让吸声板变得独特起来。

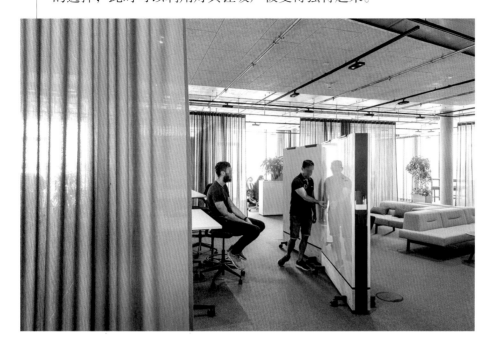

灰色吸声板让顶面看上去不是那么有存在感，所以搭配有轨灯具，可以丰富顶面细节。

悬挂的长条状吊灯让白色吸声板装饰的顶面变得不再单调。

利用吸声板形状调整空间比例

吸声板的形状对空间的效果存在不同的影响，例如条形的吸声板能够让空间更有延伸感，块状的吸声板在视觉上可以让空间看起来更方正。所以合理选择吸声板形状，能够在一定程度上起到解决空间缺陷的作用。

白色吸声板呈条状，在视觉上延伸了顶面，进而在视觉上扩大了空间。

赋予空间整体感的材质呼应

吸声板的材质和颜色可以与空间中的椅子、柜体、背景墙等相呼应，这样整个空间上下之间有呼应感，加强空间整体感，给人带来放松、舒适的感觉。

原木色的木丝吸声板与空间中的椅子、柜体、背景墙等相呼应，同时与白色地面、墙面搭配，让空间色调更加干净，给人以放松、舒适的感觉。